Mathematik

7./8. Klasse

Prozent- und Zinsrechnung

Mathematik

7./8. Klasse

Frank Jäckel-Steffens

Prozent- und Zinsrechnung

%

I N H A L T

JETZT WEISS ICH, WARUM …!

Prozentrechnung im Alltag

Bestimmt hast du dieses Zeichen **%** schon öfters auf vielen Dingen gesehen. Erinnere dich einmal daran!

Richtig!

Du findest dieses Zeichen z. B. auf

Prozentzeichen und Prozentangaben begegnen dir jeden Tag.

dem *Etikett deines Pullovers*,

auf vielen *Lebensmitteln*

und auf *Reklamezetteln* …

Was besagt dieses Zeichen auf all diesen Dingen, und welche Bedeutung hat es für dich im Alltag?

Um diese Frage zu beantworten, wollen wir gemeinsam einen Einkaufsbummel unternehmen. Wir füllen unseren Einkaufswagen mit Waren, auf denen das Prozentzeichen zu finden ist. Anschließend wollen wir gemeinsam überlegen, *was das Prozentzeichen* in bezug auf das jeweilige Produkt *bedeutet*.

Dem Prozentzeichen auf der Spur!

So wird beispielsweise der *Fruchtgehalt eines Saftes* in Prozent angegeben. Diese Angabe ist entscheidend, um seinen Geschmack beurteilen zu können. Fruchtsaft aus 100 % reiner Frucht, z. B. frisch gepreßt, schmeckt immer besser als ein Saft mit einem Fruchtgehalt von nur 25 % oder 50 %.

Aussagen über Geschmack …

Alle Kleidungsstücke sind mit einem Etikett versehen, das die *Anteile der verwendeten Gewebe* in Prozent angibt. Aus diesen Informationen kannst du auf die Qualität einer Hose oder eines Sweatshirts schließen. Vergleiche doch einmal selbst Kleidungsstücke aus Synthetik (z. B. 80 % Polyamid, 20 % Polyacryl) mit solchen aus reiner Baumwolle (100 %) oder Leinen (100 %).

… und Qualität

Viele Prospekte und Reklamezettel informieren uns über aktuelle Sonderangebote. Beim Durchlesen stellen wir fest, daß auch die *Preisnachlässe* für bestimmte Waren in Prozent angegeben werden. Pfiffige Schnäppchenjäger können also nicht selten bis zu 70 % reduzierte Waren äußerst günstig einkaufen; die Prozentrechnung hilft ihnen beim Vergleich der verschiedenen Angebote.

Auf den Punkt gebracht:
Im Alltag ermöglicht dir die Prozentrechnung, Aussagen über Produkte und Einkaufsmöglichkeiten zu verstehen und zu nutzen!

GESTATTEN! – MACCOOL!

....

Wie du dieses Buch benutzt

Hallo! Ich, MacCool, habe die Aufgabe, dir bei deiner Aufnahme in die mächtige Gilde der „**Meister der Prozent- und Zinsrechnung**" behilflich zu sein. Dein Beitrittsgeld beträgt 300 Goldstücke!

Du meinst, du schaffst das nicht?
Unsinn, mit meiner Hilfe kann dir gar nichts passieren!

Ich werde dich durch die Welt der Prozent- und Zinsrechnung begleiten und dir mit Rat und Tat zur Seite stehen.

Übungen in Hülle und Fülle

Auf unserer Reise werden dir unter den Überschriften „**Übung macht den Meister!**" und „**Auf los geht's los!**" zahlreiche Aufgaben gestellt. Jede richtige Lösung verschafft dir einen Teil deines Beitrittsgeldes.

Beachte daher die Anzahl der Goldstücke vor
jeder Übungsaufgabe!

Goldstücke bringen dich ans Ziel.

Mit einem Goldstück werden *leichte,* mit zwei *mittelschwere* und mit drei Goldstücken *schwere* Aufgaben gekennzeichnet. Hast du eine Aufgabe richtig gelöst, darfst du dir die angegebene Summe Goldstücke in den Geldbeutel am Ende jeder Doppelseite mit Übungen gutschreiben.

Wenn du eine Übung abgeschlossen hast, fordern die „**Meister der Prozent- und Zinsrechnung**" einen Teil deiner Aufnahmegebühr ein. Kannst du diesen Betrag nicht entrichten, weil es dir nicht gelungen ist, genügend Aufgaben zu lösen, erhältst du jederzeit

Immer eine neue Chance

eine neue Chance.

Vor deinem zweiten Versuch solltest du aber die zugehörige Theorie noch einmal durcharbeiten. Auch ich, MacCool, mußte so manches Mal die Theorie wiederholen und anschließend die Übungsaufgaben neu rechnen.

Ein Tip: Versuche nicht, den gesamten Lehrstoff auf einmal zu bearbeiten, sondern gehe kapitelweise Schritt um Schritt voran! Manchmal reicht schon eine Übungszeit von einer halben Stunde. **Es ist noch kein Meister vom Himmel gefallen, erst recht kein Meister der Prozent- und Zinsrechnung!**

Regelmäßiges Üben ist Voraussetzung für den Erfolg!

Natürlich steht es dir frei, den theoretischen Teil eines Kapitels zu überspringen und sofort mit dem dazugehörigen Übungsteil zu beginnen – vorausgesetzt, du hast die Theorie verstanden. Wenn du jedoch unsicher bist, dann solltest du das fehlende Wissen aufarbeiten.

Keine Aufgaben ohne Theorie!

Übrigens: Die *Lösungen* aller Aufgaben stehen am Ende des Buches. **Aber nicht schummeln! – Das ist doch Ehrensache!**

Wie du dich in diesem Buch besonders leicht zurechtfindest, zeigt dir die folgende Doppelseite:

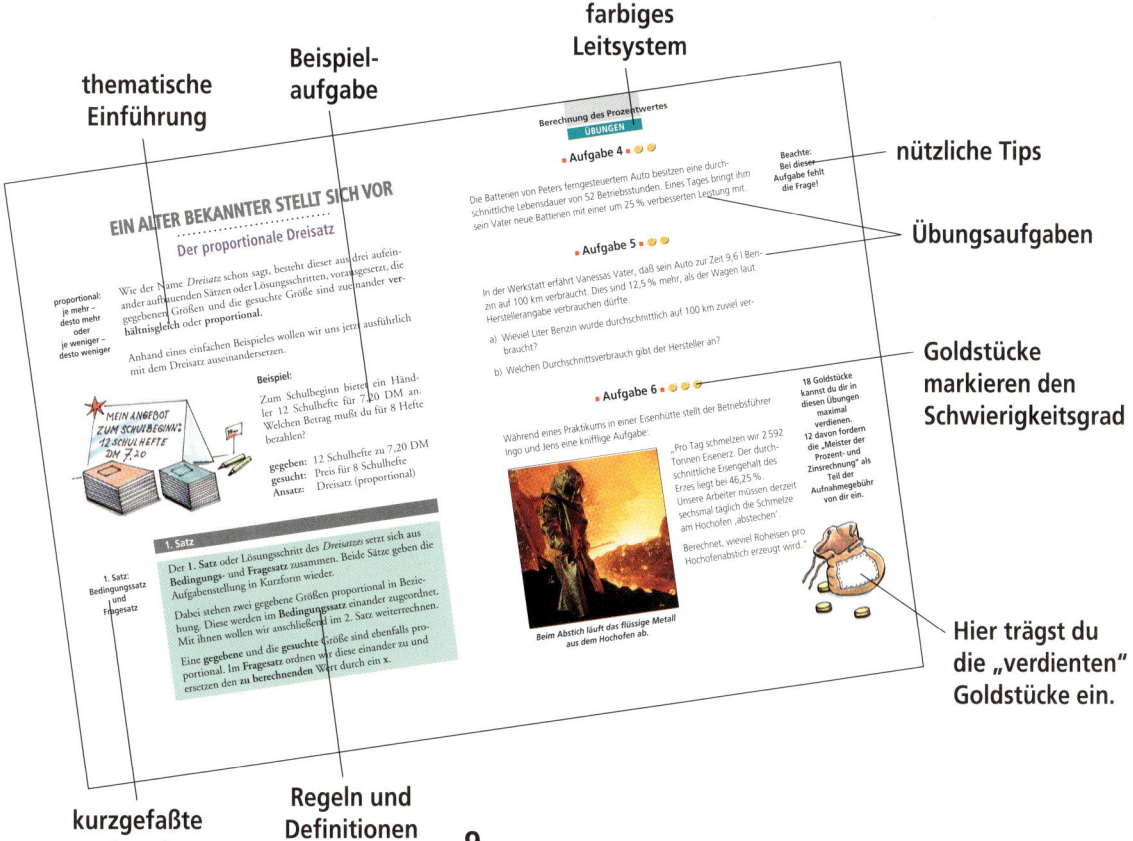

thematische Einführung

Beispielaufgabe

farbiges Leitsystem

nützliche Tips

Übungsaufgaben

Goldstücke markieren den Schwierigkeitsgrad

Hier trägst du die „verdienten" Goldstücke ein.

kurzgefaßte Regel

Regeln und Definitionen

9

EINE STARKE BEZIEHUNG!

Das Prozentzeichen und die Zahl 100

Dein erster Schritt auf dem Weg, der Bedeutung des Prozentzeichens näherzukommen, ist die Antwort auf die Frage: „Welcher Zusammenhang besteht zwischen dem Prozentzeichen und der Zahl 100?"

Zu diesem Zweck schlagen wir in einem beliebigen Lexikon den Begriff „Prozent" nach und erhalten zusammenfassend als Antwort:

Die Bedeutung des Wortes „Prozent"

Die Bedeutung des Begriffes „Prozent"

Der Ausdruck *„Prozent"* wird aus der lateinischen Sprache von den Worten *„pro centum"* abgeleitet und bedeutet übersetzt nichts anderes als **„vom Hundert"** oder **„Hundertstel"**.

Das mathematische Zeichen für Prozent ist **%**.

„Hundertstel!" Kommt dir dieses Wort nicht aus der Bruchrechnung irgendwie bekannt vor? Überlege einmal, und ergänze in Gedanken den folgenden Satz:

Ausflug in die Bruchrechnung

Als Hundertstel bezeichnet man einen Bruchteil mit dem ... 100.

Die richtige Antwort, „als Hundertstel bezeichnet man einen Bruchteil mit dem **Nenner** 100", hilft uns nun, den Prozentbegriff mathematisch zu erklären. Damit du die Zusammenhänge besser verstehst, habe ich dir auf der nächsten Seite die Definition von *Zähler* und *Nenner* (eines Bruches) noch einmal aufgeschrieben.

Definition: Zähler und Nenner eines Bruches

Ein Bruch besteht aus einem **Zähler** und einem **Nenner.** Der Nenner eines Bruches benennt dir, in wieviel Teile eine Zahl bzw. ein „**Ganzes**" zerlegt worden ist. Die Anzahl dieser Teile steht im Zähler des Bruches.

Der Bruch:
Zähler und
Nenner

Übertragen wir diese Erkenntnisse auf die Prozentrechnung, so ergeben sich für uns folgende wichtige *Zusammenhänge,* die die Beziehung zwischen dem Prozentzeichen und der Zahl 100 eindeutig beschreiben:

Definition: Prozent

Der **Bruch** $\frac{1}{100}$ bezeichnet in der **Prozentrechnung** 1 %.

Daraus ergibt sich der Satz:

1 % ist immer der **hundertste Teil** einer **Zahl** bzw. eines **Ganzen.**

Die Zahl 100
und das
Prozentzeichen

Damit ist die *Beziehung* zwischen dem Prozentzeichen und der Zahl 100 genau festgelegt. Abschließend wollen wir noch über die Bedeutung des Prozentzeichens sprechen:

Das Prozentzeichen (%)

Allein kommt dem Prozentzeichen (%) **keine** Bedeutung zu. Es ist lediglich ein **Symbol.** Erst in **Verbindung** mit einem **Zahlenwert** stellt es allgemein die **Anzahl** der **hundertsten** Teile von einer gegebenen Größe dar.

Das Prozent-
zeichen in der
Mathematik

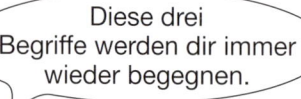

Diese drei Begriffe werden dir immer wieder begegnen.

DREI WICHTIGE BEGRIFFE

Prozentsatz, Grundwert, Prozentwert

Auf den beiden vorangegangenen Seiten hast du die Beziehung zwischen der Zahl 100 und dem Prozentzeichen kennengelernt. Hier geht es nun um die drei Begriffe **Prozentsatz**, **Grundwert** und **Prozentwert**. Sie bilden, sofern dir ihre Bedeutung klargeworden ist, die Grundlage, die Prozentrechnung zu verstehen.

Definition: Prozentsatz

Definition des Prozentsatzes:

$$\frac{p}{100} = p\,\%$$

Den Zähler des Bruches $\frac{p}{100}$ definieren wir in der Prozentrechnung als **Prozentsatz p** und den Nenner als **Bezugszahl 100**; denn die Bezugszahl **100** bezieht sich immer auf den **Prozentsatz**.

kurz: **Prozentsatz:** $\boxed{\dfrac{p}{100}} = p\,\%$

Definition: Grundwert

Definition des Grundwertes:

$$G \triangleq 100\,\%$$

1 % bezeichnet immer den **hundertsten** Teil einer Zahl bzw. eines Ganzen. Diese Zahl bzw. das Ganze bezeichnen wir als **Grundwert**.

Der **Grundwert** entspricht immer **100 %**.

Das mathematische Zeichen für den Grundwert ist **G**.

kurz: **100 %** $\Rightarrow$ **Grundwert** oder $\boxed{\dfrac{100}{100}}$ = **Grundwert**

Definition: Prozentwert

Der **Prozentwert** ist das **Ergebnis** einer **mathematischen Verknüpfung** zwischen **Prozentsatz** und **Grundwert**. Berechnet man von einem gegebenen Grundwert einen bestimmten Prozentsatz, so erhält man als Resultat den **Prozentwert**.

Die mathematischen Abkürzungen für den Prozentwert sind W oder P.

kurz: **p % vom Grundwert = Prozentwert**

WICHTIG!
Zur besseren Unterscheidung zwischen Prozentwert und Prozentsatz verwenden wir für den Prozentwert die Abkürzung W.

Die allgemeine Prozentformel

In der Prozentrechnung ist die Zuordnung Grundwert → Prozentwert *proportional*. Das heißt, Grundwert und Prozentwert bilden eine Menge von geordneten Zahlenpaaren. Eine Menge von geordneten Zahlenpaaren bezeichnen wir in der Mathematik als *Relation*. Bilden wir den Quotienten aus Prozentwert und Grundwert, so ist dieser immer gleich dem Quotienten aus Prozentsatz und 100. Somit stehen die Zahlenpaare in einem direkten oder geraden Verhältnis zueinander. Man sagt auch, sie sind quotientengleich.

Dementsprechend können wir nun die allgemeine Prozentformel aufstellen:

Weiterführende Zusammenhänge zwischen Prozentsatz, Grundwert und Prozentwert

Definition: allgemeine Prozentformel

$$\frac{\text{Prozentsatz}}{100} = \frac{\text{Prozentwert}}{\text{Grundwert}} \qquad kurz: \qquad \frac{\text{p}}{100} = \frac{\text{W}}{\text{G}}$$

Die allgemeine Prozentformel

Mit GAL bin ich unschlagbar!

GUT GERÜSTET DEM ZIEL ENTGEGEN!

gegeben, gesucht, Ansatz, Lösung

Sicher ist es dir längst bekannt, daß auch die Mathematik ihre eigene Sprache besitzt, die du wie Vokabeln lernen mußt, um ihren Sinn zu verstehen und „mitreden" zu können. Neben der Beherrschung *mathematischer Fachausdrücke* brauchst du das richtige *Werkzeug,* um Aufgaben schnell, sicher und vor allem richtig lösen zu können. Ein vielseitiges und bewährtes Werkzeug verbirgt sich hinter den drei Buchstaben „GAL":

Mit „GAL" wird dir keine Aufgabe zur Qual!

G   wie **g**egeben, **g**esucht
A   wie **A**nsatz
L   wie **L**ösung

gegeben, gesucht

Was ist gegeben? Was wird gesucht?

Eine mathematische Aufgabenstellung besteht immer aus **gegebenen** und **gesuchten** Zahlenwerten oder Größen. Als **gegebene** Zahlenwerte werden alle Angaben einer Mathematikaufgabe bezeichnet, die zur Berechnung des **gesuchten** Ergebnisses notwendig sind. Dabei wird die gesuchte Größe **immer** durch ein **x** markiert.

Ansatz

Welcher Ansatz bringt mich ans Ziel?

Nachdem du die gegebenen und gesuchten Zahlenwerte jeweils einander zugeordnet hast, erfolgt die Wahl des richtigen **Ansatzes** oder **Lösungsweges.** Dieser kann aber auch in der Aufgabenstellung vorgegeben sein.

In der Regel führen mehrere **Ansätze** zur richtigen Lösung einer Mathematikaufgabe. So stehen dir in der *Prozentrechnung* der **Dreisatz** und die **Prozentformel** zur Verfügung. Beide Lösungswege werden ab Seite 16 ausführlich erklärt.

Lösung

Durch **Einsetzen** der **gegebenen Zahlenwerte** in den von dir gewählten oder in der Aufgabenstellung vorgegebenen **Ansatz** berechnest du schließlich das **gesuchte Ergebnis**.

In Klassenarbeiten und bei der Führung deines Hausheftes bringt dir eine ordentliche Arbeitsweise manchen Pluspunkt ein. Daher solltest du das Ergebnis mit einem **Lineal zweimal** sauber **unterstreichen**.

Einsetzen der Zahlenwerte in den Ansatz

Besonderheiten bei Textaufgaben

Bei der Bearbeitung von Textaufgaben müssen wir das Lösungswerkzeug „GAL" um folgende Punkte erweitern:

1. Ist in der Aufgabenstellung einer Textaufgabe die **Frage** nach der **gesuchten Größe** *nicht* gegeben, mußt du diese **selbst** herausfinden und in dein Heft schreiben.

Muß ich die Frage selber formulieren?

2. Nicht immer gehen alle **benötigten** Größen (Prozentsatz, Grundwert und Prozentwert) **eindeutig** aus der Aufgabenstellung hervor, sondern müssen zunächst in einer **Nebenrechnung** näher bestimmt werden.

Sind alle Größen eindeutig gegeben?

3. Textaufgaben enden immer mit einem kurzen **Schlußsatz!**

Schlußsatz nicht vergessen!

Das Lösungswerkzeug „GAL" in der Prozentrechnung

gegeben: Prozentsatz; Grundwert **gesucht:** Prozentwert
gegeben: Prozentwert; Grundwert **gesucht:** Prozentsatz
gegeben: Prozentsatz: Prozentwert **gesucht:** Grundwert

Ansatz: gewählter oder vorgegebener Lösungsweg
     Dreisatz oder **Prozentformel**

Lösung: Einsetzen der gegebenen Zahlenwerte in den Ansatz
     Ergebnis und Schlußsatz (bei Textaufgaben)

„GAL" auf einen Blick!

EIN ALTER BEKANNTER STELLT SICH VOR

··

Der proportionale Dreisatz

proportional:
je mehr –
desto mehr
oder
je weniger –
desto weniger

Wie der Name *Dreisatz* schon sagt, besteht dieser aus drei aufeinander aufbauenden Sätzen oder Lösungsschritten, vorausgesetzt, die gegebenen Größen und die gesuchte Größe sind zueinander **verhältnisgleich** oder **proportional.**

Anhand eines einfachen Beispieles wollen wir uns jetzt ausführlich mit dem Dreisatz auseinandersetzen.

Beispiel:

Zum Schulbeginn bietet ein Händler 12 Schulhefte für 7,20 DM an. Welchen Betrag mußt du für 8 Hefte bezahlen?

gegeben: 12 Schulhefte zu 7,20 DM
gesucht: Preis für 8 Schulhefte
Ansatz: Dreisatz (proportional)

1. Satz

1. Satz:
Bedingungssatz
und
Fragesatz

Der **1. Satz** oder Lösungsschritt des *Dreisatzes* setzt sich aus **Bedingungs-** und **Fragesatz** zusammen. Beide Sätze geben die Aufgabenstellung in Kurzform wieder.

Dabei stehen zwei gegebene Größen proportional in Beziehung. Diese werden im **Bedingungssatz** einander zugeordnet. Mit ihnen wollen wir anschließend im 2. Satz weiterrechnen.

Eine **gegebene** und die **gesuchte** Größe sind ebenfalls proportional. Im **Fragesatz** ordnen wir diese einander zu und ersetzen den **zu berechnenden** Wert durch ein **x.**

Daraus folgt für unser Beispiel:

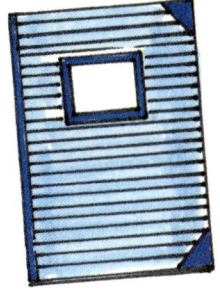

Lösung: *1. Satz:* 12 Hefte kosten 7,20 DM **Bedingungssatz**
 kurz: 12 Hefte → 7,20 DM

 8 Hefte kosten x DM **Fragesatz**
 kurz: 8 Hefte → x DM

2. Satz

Den **2. Satz** bezeichnen wir als „**Schluß auf die Einheit**" oder kurz „**Schluß auf eins**".

Wir fragen uns: „**Wie groß ist eine Einheit der gesuchten Größe?**"

Dementsprechend **dividieren** wir dann die im **Bedingungssatz** einander zugeordneten Zahlenwerte und erhalten als **Ergebnis eine Einheit der gesuchten Größe.**

WICHTIG!
Wir bezeichnen den 2. Satz kurz als „Schluß auf eins".

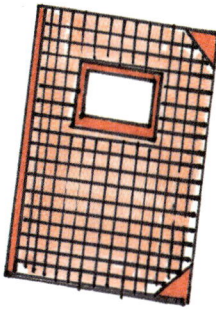

Bezogen auf unser Beispiel:

Lösung: *2. Satz:* 7,20 DM : 12 = 0,60 DM **Schluß auf eins**

3. Satz

Im 2. Satz hast du eine Einheit der gesuchten Größe berechnet. Durch „**Rückschluß auf die gesuchte Größe**" berechnen wir schließlich im **3. Satz** das gesuchte Ergebnis. Dies geschieht, indem du **eine Einheit der gesuchten Größe** mit der im **Fragesatz** gegebenen (Größe) **multiplizierst.**

3. Satz:
Rückschluß auf die gesuchte Größe

Somit ergibt sich für unser Beispiel:

Lösung: *3. Satz:* 0,60 DM · 8 = <u>4,80 DM</u> **Rückschluß auf die gesuchte Größe**

Ergebnis: 8 Schulhefte kosten 4,80 DM.

DER TEIL DES GANZEN

······································

Wir berechnen den Prozentwert

1. Lösungsweg: Dreisatz

gegeben: Grundwert; Prozentsatz   **gesucht:** Prozentwert

Ansatz: Dreisatz (proportional)

Lösung: allgemeine Beschreibung des Lösungsweges

Natürlich kannst du auch die Kurzschreibweise für den Grundwert (G), Prozentsatz (p) und Prozentwert (W) benutzen!

1. Satz: Im Bedingungssatz ordnen wir 100 % dem Grundwert zu.

100 % → Grundwert   Bedingungssatz

Der Fragesatz ordnet dem gegebenen Prozentsatz den gesuchten Prozentwert zu. Dieser wird durch ein x ersetzt.

Prozentsatz → x   Fragesatz

2. Satz: Indem du den Grundwert durch 100 dividierst, berechnest du im *„Schluß auf eins"* 1 % des gesuchten Prozentwertes.

1 % → Grundwert : 100   Schluß auf eins

3. Satz: Im *„Schluß auf eins"* hast du eine *Einheit* des gesuchten Prozentwertes berechnet. Multiplizieren wir diesen Wert mit dem Prozentsatz, so erhalten wir den gesuchten Prozentwert.

Rückschluß auf die gesuchte Größe: **(Grundwert : 100) · Prozentsatz = Prozentwert**

Zuletzt solltest du das Ergebnis mit einem Lineal zweimal sauber unterstreichen.

Ergebnis: <u>Prozentwert</u>

Beispielaufgabe:

Kevin möchte sich von seinem Taschengeld ein neues Computerspiel kaufen. Der Katalogpreis beträgt 68 DM. In der Tageszeitung bietet ein Händler das Spiel 15 % billiger an.

Wieviel Geld spart Kevin?

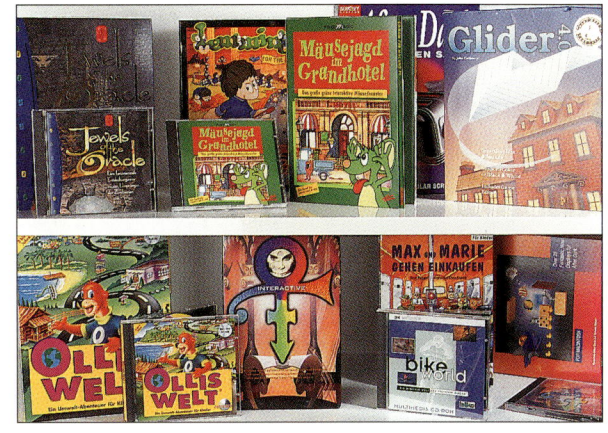

gegeben: G = 68 DM; p = 15 % **gesucht:** W

Ansatz: Dreisatz (proportional)

Lösung: Durch Einsetzen der gegebenen Größen in den Dreisatz erhalten wir:

1. Satz: 100 % → 68 DM (Bedingungssatz)
15 % → x DM (Fragesatz)

2. Satz: 1 % → 68 DM : 100 = 0,68 DM (Schluß auf eins)

3. Satz: 0,68 DM · 15 = <u>10,20 DM</u> (Rückschluß auf die gesuchte Größe)

Kevin spart 10,20 DM. (Schlußsatz)

Musterlösung Dreisatz:
Wir berechnen den Prozentwert.

Das Lösungswerkzeug „GAL" und der Dreisatz bringen dich sicher ans Ziel!

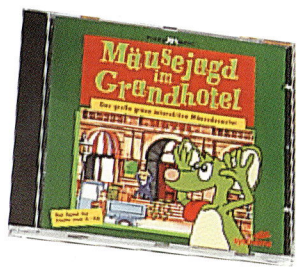

2. Lösungsweg: Prozentformel

gegeben: Grundwert; Prozentsatz   **gesucht:** Prozentwert

Ansatz: allgemeine Prozentformel

$$\frac{\text{Prozentsatz}}{100} = \frac{\text{Prozentwert}}{\text{Grundwert}} \qquad \textit{kurz:} \ \frac{\text{p}}{100} = \frac{\text{W}}{\text{G}}$$

Zuerst multiplizieren wir beide Seiten der *allgemeinen Prozentformel* mit dem Grundwert.

$$\frac{\text{Prozentsatz} \cdot \text{Grundwert}}{100} = \frac{\text{Prozentwert} \cdot \text{Grundwert}}{\text{Grundwert}}$$

kurz: $$\frac{\text{p} \cdot \text{G}}{100} = \frac{\text{W} \cdot \text{G}}{\text{G}}$$

Anschließend können wir auf der rechten Gleichungsseite den Grundwert wieder kürzen. So entsteht unsere gesuchte Formel zur Berechnung des Prozentwertes:

Die Herleitung der Formel zur Berechnung des Prozentwertes brauchst du beim Üben nicht zu wiederholen!

Formel zur Berechnung des Prozentwertes

$$\frac{\text{Prozentsatz} \cdot \text{Grundwert}}{100} = \text{Prozentwert}$$

kurz:

$$\frac{\text{p} \cdot \text{G}}{100} = \text{W}$$

Lösung: Nun setzen wir die gegebenen Werte in die Formel ein. Dann kannst du schriftlich oder mit dem Taschenrechner den gesuchten Prozentwert ausrechnen. Geschicktes Kürzen erleichtert deine Arbeit.

Zum Schluß solltest du wiederum das Ergebnis mit einem Lineal zweimal sauber unterstreichen.

Ergebnis: <u>Prozentwert</u>

Beispielaufgabe:

Kai und Uwe spielen Basketball. Uwe wettet, daß er von 50 Freiwürfen auf den Korb 80 % sicher verwandelt.

Wieviel Körbe muß Uwe mindestens erzielen, um seine Wette zu gewinnen?

Musterlösung
Prozentformel:
Wir berechnen
den Prozentwert.

gegeben: **G** = 50 Freiwürfe; **p** = 80 %   **gesucht:** **W**

Ansatz: Prozentformel $\dfrac{p \cdot G}{100} = W$

Lösung: Durch Einsetzen der gegebenen Größen in die Prozentformel erhalten wir:

$$\frac{80 \cdot 50 \text{ Freiwürfe}}{100} = \underline{40 \text{ Freiwürfe}}$$

Uwe muß mindestens 40 Körbe werfen.

Jetzt wird es ernst! Auf der nächsten Doppelseite warten die ersten *Übungsaufgaben und Goldstücke* auf dich. Lies dir jede Aufgabenstellung in Ruhe durch, und beginne erst dann mit deiner Rechnung.

Viel Erfolg
bei den ersten
Aufgaben!

■ Aufgabe 1 ■ ●

Berechne den Prozentwert.

a) 9 % von 200 dm   b) 18 % von 60 DM   c) 17,8 % von 1 500 m^2
   5 % von 40 cm   48 % von 25 kg   73,4 % von 940 ha
   7 % von 160 mm   36 % von 40 °C   26,9 % von 1 310 l

■ Aufgabe 2 ■ ●

Wenn du mit Textaufgaben Schwierigkeiten hast, dann lies dir noch einmal die Seiten 14 und 15 durch.

Eine Tafel Schokolade wiegt 250 g. Zum 50jährigen Firmenjubiläum bietet der Hersteller in einer Sonderaktion seine Schokolade mit 20 % mehr Inhalt zum gleichen Preis an.

Berechne die Gewichtszunahme.

■ Aufgabe 3 ■ ●

In einer Boutique stöbert Verena einen ausgefallenen Wollpullover für 150 DM auf. Da es sich um einen Restposten handelt, erläßt die Verkäuferin ihr 30 % des Verkaufspreises.

Welchen Betrag muß Verena noch für den Pullover bezahlen?

■ Aufgabe 4 ■ ● ●

Die Batterien von Peters ferngesteuertem Auto besitzen eine durchschnittliche Lebensdauer von 52 Betriebsstunden. Eines Tages bringt ihm sein Vater neue Batterien mit einer um 25 % verbesserten Leistung mit.

**Beachte:
Bei dieser
Aufgabe fehlt
die Frage!**

■ Aufgabe 5 ■ ● ●

In der Werkstatt erfährt Vanessas Vater, daß sein Auto zur Zeit 9,6 l Benzin auf 100 km verbraucht. Dies sind 12,5 % mehr, als der Wagen laut Herstellerangabe verbrauchen dürfte.

a) Wieviel Liter Benzin wurde durchschnittlich auf 100 km zuviel verbraucht?

b) Welchen Durchschnittsverbrauch gibt der Hersteller an?

■ Aufgabe 6 ■ ● ● ●

Während eines Praktikums in einer Eisenhütte stellt der Betriebsführer Ingo und Jens eine knifflige Aufgabe:

**18 Goldstücke
kannst du dir in
diesen Übungen
maximal
verdienen.
12 davon fordern
die „Meister der
Prozent- und
Zinsrechnung" als
Teil der
Aufnahmegebühr
von dir ein.**

„Pro Tag schmelzen wir 2 592 Tonnen Eisenerz. Der durchschnittliche Eisengehalt des Erzes liegt bei 46,25 %. Unsere Arbeiter müssen derzeit sechsmal täglich die Schmelze am Hochofen ‚abstechen'.

Berechnet, wieviel Roheisen pro Hochofenabstich erzeugt wird."

*Beim Abstich läuft das flüssige Metall
aus dem Hochofen ab.*

DER ANTEIL AM GANZEN

Wir berechnen den Prozentsatz

1. Lösungsweg: Dreisatz

gegeben: Grundwert; Prozentwert   **gesucht:** Prozentsatz

Ansatz: Dreisatz (proportional)

Lösung: allgemeine Beschreibung des Lösunsweges

1. Satz: Dem Grundwert ordnen wir im Bedingungssatz 100 % zu.

> **Grundwert → 100 %**   Bedingungssatz

Im Fragesatz ordnest du dem gegebenen Prozentwert den gesuchten Prozentsatz zu. Zuvor wird dieser durch ein x ersetzt.

> **Prozentwert → x %**   Fragesatz

TIP!
Ist der Quotient
$\frac{100}{\text{Grundwert}}$
nicht endlich, kannst du, wenn du mit diesem Bruch weiterrechnest, durch Kürzen die Berechnung des Prozentsatzes vereinfachen!

2. Satz: Nun berechnen wir den Prozentsatz *einer Einheit* des gegebenen Grundwertes. Dies geschieht, indem du die Zahl 100 durch den Grundwert dividierst. Nicht immer führt diese Division zu einem endlichen Ergebnis. Ist dies der Fall, solltest du im 3. Satz mit dem Bruch $\frac{100}{\text{Grundwert}}$ weiterrechnen.

> Schluß auf eins:
> **1 Einheit des Grundwertes → 100 : Grundwert**

3. Satz: Jetzt brauchen wir nur noch die berechnete Einheit des Grundwertes mit dem Prozentwert zu multiplizieren. Das Ergebnis ist der gesuchte Prozentsatz.

> Rückschluß auf die gesuchte Größe:
> **(100 : Grundwert) · Prozentwert = Prozentsatz**

Das Ergebnis solltest du zuletzt mit einem Lineal zweimal sauber unterstreichen.

Ergebnis: <u>Prozentsatz</u>

Beispielaufgabe:

Christian berichtet stolz, daß seine Fußballmannschaft in der letzten Saison insgesamt von 50 Spielen nur 6 Spiele verloren hat.

Wieviel Prozent der Spiele waren das?

Musterlösung
Dreisatz:
Wir berechnen
den Prozentsatz.

gegeben: G = 50 Spiele; W = 6 Spiele   **gesucht: p**

Ansatz: Dreisatz (proportional)

Lösung: Durch Einsetzen der gegebenen Größen in den Dreisatz erhalten wir:

1. Satz: 50 Spiele → 100 %   (Bedingungssatz)
       6 Spiele →   x %   (Fragesatz)

2. Satz: 1 Spiel → 100 : 50 Spiele = 2 %   (Schluß auf eins)

3. Satz: 2 % · 6 = <u>12 %</u>   (Rückschluß auf die gesuchte Größe)

Das Lösungs-
werkzeug „GAL"
und der Dreisatz
bringen dich
sicher ans Ziel!

Christians Fußballmannschaft verlor in der letzten Saison nur 12 % aller Spiele.

2. Lösungsweg: Prozentformel

gegeben: Grundwert; Prozentwert   **gesucht:** Prozentsatz

Ansatz: allgemeine Prozentformel

$$\frac{\text{Prozentsatz}}{100} = \frac{\text{Prozentwert}}{\text{Grundwert}} \qquad kurz: \frac{\text{p}}{100} = \frac{\text{W}}{\text{G}}$$

Die Formel zur Berechnung des Prozentsatzes erhalten wir, indem wir zunächst beide Seiten der *allgemeinen Prozentformel* mit 100 multiplizieren.

$$\frac{\text{Prozentsatz} \cdot 100}{100} = \frac{\text{Prozentwert} \cdot 100}{\text{Grundwert}}$$

kurz:
$$\frac{\text{p} \cdot 100}{100} = \frac{\text{W} \cdot 100}{\text{G}}$$

Selbstverständlich brauchst du auch hier die Herleitung der Formel zur Berechnung des Prozentsatzes nicht zu wiederholen.

Im Anschluß daran kürzen wir mit der Zahl 100. So erhalten wir unsere gesuchte Rechenformel:

Formel zur Berechnung des Prozentsatzes

$$\frac{\text{Prozentwert} \cdot 100}{\text{Grundwert}} = \text{Prozentsatz}$$

kurz:

$$\frac{\text{W} \cdot 100}{\text{G}} = \text{p}$$

Lösung: Die gegebenen Werte setzen wir nun in die Formel ein. Dann berechnest du schriftlich oder mit dem Taschenrechner den gesuchten Prozentsatz. Durch kluges Kürzen kannst du deine Rechnung vereinfachen.

Sauberes, zweifaches Unterstreichen des Ergebnisses mit einem Lineal beendet deine Arbeit.

Ergebnis: <u>Prozentsatz</u>

Beispielaufgabe:

Elkes Eltern besitzen ein kleines Obst- und Gemüsegeschäft. Ärgerlich stellt Elkes Vater bei der Kontrolle der letzten Lieferung fest, daß von 360 bestellten Pfirsichen jeder achte Pfirsich angefault oder beschädigt ist.

Wieviel Prozent der gelieferten Pfirsiche kann Elkes Vater nicht mehr verkaufen?

Musterlösung Prozentformel: Wir berechnen den Prozentsatz.

Da der *Prozentwert* in der Aufgabenstellung nur *indirekt* gegeben ist, müssen wir ihn zunächst in einer Nebenrechnung bestimmen.

Nebenrechnung: W = 360 Pfirsiche : 8 Pfirsiche = 45 Pfirsiche

gegeben: G = 360 Pfirsiche; W = 45 Pfirsiche   **gesucht: p**

Ansatz: Prozentformel: $\dfrac{W \cdot 100}{G} = p$

Auch hier leisten das Lösungswerkzeug „GAL" und die Prozentformel gute Dienste.

Lösung: Durch Einsetzen der gegebenen Größen in die Prozentformel erhalten wir:

$$\frac{45 \text{ Pfirsiche} \cdot 100}{360 \text{ Pfirsiche}} = \underline{12,5\,\%}$$

12,5 % der Pfirsiche können nicht mehr verkauft werden.

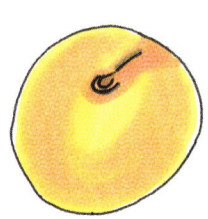

▪ Aufgabe 1 ▪

Berechne den Prozentsatz.

TIP!
Durch geschicktes Kürzen kannst du den Rechenaufwand verringern und eine Menge Zeit sparen!

a) 8 mm von 160 mm   b) 16 DM von 80 DM   c) 18,6 l von 620 l
   3 dm von 50 dm   35 °C von 50 °C   73,4 m² von 367 m²
   5 m von 125 m   27 kg von 90 kg   43,5 ha von 145 ha

▪ Aufgabe 2 ▪

Zum Sommerschlußverkauf reduziert ein Sportgeschäft den Preis eines Tennisschlägers um 96 DM. Der alte Verkaufspreis beträgt 320 DM.

Berechne den Preisnachlaß in %.

▪ Aufgabe 3 ▪

Martina ist eine begeisterte Leichtathletin. Bei den Bundesjugendspielen hat sie ihren persönlichen Weitsprungrekord von 3,80 m um 57 cm gesteigert.

Um wieviel Prozent konnte sich Martina verbessern?

▪ Aufgabe 4 ▪ ● ●

Die Klasse 8b bekommt ihre Mathematikarbeit zurück. Obwohl der Lehrer 6 Schülern die Note „mangelhaft" geben mußte, ist er mit den erzielten Ergebnissen sehr zufrieden und gibt den Notenspiegel bekannt:

Note	1	2	3	4	5	6
Schülerzahl	4	7	11	4	6	0

a) Ermittle den prozentualen Anteil aller Schüler, die ihre Arbeit besser als 4 geschrieben haben.

b) Wieviel Prozent der Schüler haben die Note „Fünf" erhalten? Vergleiche.

▪ Aufgabe 5 ▪ ● ●

In der Tageszeitung gibt die Polizei bekannt, daß bei der letzten Radarkontrolle 42 von 168 Fahrzeugen einer Geschwindigkeitsüberschreitung überführt wurden.

Auch auf dieser Doppelseite kannst du dir maximal 18 Goldstücke verdienen. 12 davon fordern die „Meister der Prozent- und Zinsrechnung" von dir ein!

▪ Aufgabe 6 ▪ ● ● ●

Im Sommer möchte Udos Vater die Wände des Badezimmers fliesen. Für die gemessene Fläche von 6,4 m² wählt er Fliesen mit einer Kantenlänge von 20 cm aus. Wegen der ungünstigen Raumgeometrie kalkuliert er 24 Fliesen Verschnitt ein.

Berechne den Verschnitt in Prozent.

29

JETZT GEHT'S UMS GANZE

······································

Wir berechnen den Grundwert

1. Lösungsweg: Dreisatz

gegeben: Prozentsatz, Prozentwert   **gesucht:** Grundwert

Ansatz: Dreisatz (proportional)

Lösung: allgemeine Beschreibung des Lösungsweges

1. Satz: Der Bedingungssatz weist dem Prozentsatz den Prozentwert zu.

Prozentsatz → Prozentwert	Bedingungssatz

Da dem gesuchten Grundwert immer 100 % entsprechen, ordnen wir diesen im Fragesatz der Zahl 100 zu. Wieder ersetzen wir die gesuchte Größe durch ein x.

100 % → Grundwert (x)	Fragesatz

TIP!
Ist der Quotient
$\frac{\text{Prozentwert}}{\text{Prozentsatz}}$
nicht endlich,
kannst du, wenn
du mit diesem
Bruch weiter-
rechnest, durch
Kürzen die
Berechnung des
Grundwertes
vereinfachen!

2. Satz: Dividieren wir den Prozentwert durch den Prozentsatz, so ist das Ergebnis **1 %** des gesuchten Grundwertes. Es kommt vor, daß diese Division nicht zu einem endlichen Ergebnis führt. In diesem Fall solltest du den Bruch $\frac{\text{Prozentwert}}{\text{Prozentsatz}}$ beibehalten und damit im 3. Satz weiterrechnen.

1 % → Prozentwert : Prozentsatz	Schluß auf eins

3. Satz: Durch Rückschluß auf die gesuchte Größe ermitteln wir schließlich den gesuchten Grundwert. Dies erfolgt, indem du 1 % des gesuchten Grundwertes mit der Zahl 100 multiplizierst.

Rückschluß auf die gesuchte Größe: (**Prozentwert** : **Prozentsatz**) · 100 = **Grundwert**

Zweimaliges Unterstreichen des berechneten Ergebnisses mit einem Lineal schließt deinen Lösungsweg ab.

Ergebnis: Grundwert

Beispielaufgabe:

Die Buntbarsche gehören zu den größten auf der Erde vorkommenden Fischfamilien. Allein 700 beschriebene Arten sind in Afrika beheimatet. Das sind ungefähr 77,$\overline{7}$ % des Gesamtvorkommens. Wieviel Buntbarscharten kommen insgesamt auf der Erde vor?

Musterlösung
Dreisatz:
Wir berechnen
den Grundwert.

Buntbarsche leben überwiegend im Süßwasser. Sie zählen zu den beliebtesten Aquarienfischen.

gegeben: p = 77,$\overline{7}$ %; W = 700 Arten   **gesucht:** G

Ansatz: Dreisatz (proportional)

Lösung: Durch Einsetzen der gegebenen Größen in den Dreisatz erhalten wir:

Das Lösungswerkzeug „GAL" und der Dreisatz bringen dich sicher ans Ziel!

1. Satz: 77,$\overline{7}$ % → 700 Arten   (Bedingungssatz)
100 % → x   (Fragesatz)

2. Satz: 1 % → 700 Arten : 77,$\overline{7}$ = 9 Arten   (Schluß auf eins)

3. Satz: 9 Arten · 100 = 900 Arten   (Rückschluß auf die gesuchte Größe)

Es leben 900 Buntbarscharten auf der Erde.

2. Lösungsweg: Prozentformel

gegeben: Prozentsatz; Prozentwert   **gesucht:** Grundwert

Ansatz: allgemeine Prozentformel

$$\frac{\text{Prozentsatz}}{100} = \frac{\text{Prozentwert}}{\text{Grundwert}} \qquad kurz: \frac{\text{p}}{100} = \frac{\text{W}}{\text{G}}$$

Die Herleitung der Formel zur Berechnung des Grundwertes erfolgt in mehreren Schritten. Zuerst multiplizieren wir die *allgemeine Prozentformel* nacheinander mit dem Bruch $\frac{1}{\text{Prozentsatz}}$ ($\frac{1}{\text{p}}$), dem Grundwert G und mit der Zahl 100.

Beim Üben brauchst du die Herleitung der Formel zur Berechnung des Grundwertes nicht zu wiederholen!

$$\frac{\text{Prozentsatz} \cdot \text{Grundwert} \cdot 100 \cdot 1}{100 \cdot \text{Prozentsatz}} = \frac{\text{Prozentwert} \cdot \text{Grundwert} \cdot 100 \cdot 1}{\text{Grundwert} \cdot \text{Prozentsatz}}$$

$$kurz: \qquad \frac{\text{p} \cdot \text{G} \cdot 100 \cdot 1}{100 \cdot \text{p}} = \frac{\text{W} \cdot \text{G} \cdot 100 \cdot 1}{\text{G} \cdot \text{p}}$$

Danach kürzen wir den Prozentsatz und die Zahl 100 auf der linken sowie den Grundwert auf der rechten Seite der Gleichung. Auf diese Weise erhalten wir die gesuchte Rechenformel:

Formel zur Berechnung des Grundwertes

$$\frac{\text{Prozentwert} \cdot 100}{\text{Prozentsatz}} = \text{Grundwert}$$

kurz:

$$\frac{\text{W} \cdot 100}{\text{p}} = \text{G}$$

Lösung: Den gesuchten Grundwert ermittelst du schriftlich oder mit dem Taschenrechner durch Einsetzen der gegebenen Größen in die Formel. Kürze, wenn möglich!

Im letzten Arbeitsschritt unterstreichen wir das Endergebnis zweimal sauber mit einem Lineal.

Ergebnis: <u>Grundwert</u>

Beispielaufgabe:

Während der Projektwoche besichtigt die Klasse 7c eine Automobilfabrik. Am nächsten Tag werten sie die erhaltenen Informationen in der Schule aus. Im vergangenen Jahr exportierte man in diesem Werk 46,4 % der Jahresproduktion ins Ausland. Dies entspricht einer Stückzahl von 323 872 PKW.

Musterlösung Prozentformel: Wir berechnen den Grundwert.

Wie hoch ist die Jahresproduktion des Werkes?

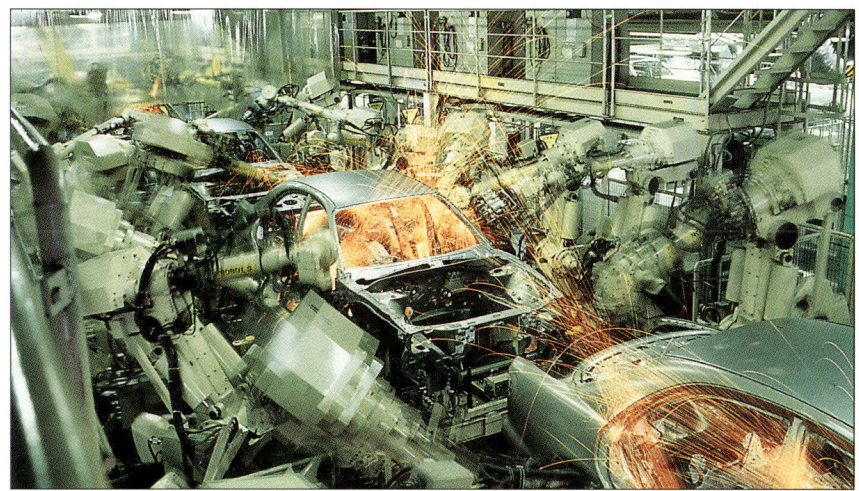

In vielen Automobilwerken werden heute Roboter für Schweißarbeiten an Karosserien eingesetzt.

gegeben: $p = 46{,}4\,\%$; $W = 323\,872$ PKW   **gesucht:** G

Ansatz: Prozentformel: $\dfrac{W \cdot 100}{p} = G$

Lösung: Durch Einsetzen der gegebenen Größen in die Prozentformel erhalten wir:

$$\frac{323\,872\ \text{PKW} \cdot 100}{46{,}4} = \underline{698\,000\ \text{PKW}}$$

Auch hier bringen dich das Lösungswerkzeug „GAL" und die Prozentformel sicher ans Ziel!

Die Jahresproduktion des Automobilwerkes beträgt 698 000 PKW.

■ Aufgabe 1 ■

Geht die Rechnung nicht glatt auf, mußt du das Endergebnis sinnvoll auf- oder abrunden!

Berechne den Grundwert.

a) 4 % sind 320 km
   6 % sind 96 m
   9 % sind 819 cm

b) 12 % sind 156 $
   27 % sind 351 g
   63 % sind 1 071 N

c) 11,3 % sind 565 dm³
   54,6 % sind 819 hl
   38,9 % sind 778 bar

■ Aufgabe 2 ■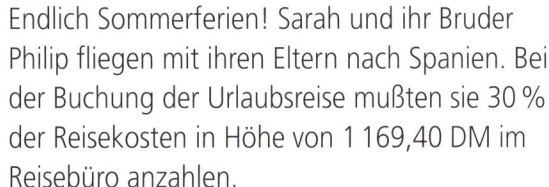

Endlich Sommerferien! Sarah und ihr Bruder Philip fliegen mit ihren Eltern nach Spanien. Bei der Buchung der Urlaubsreise mußten sie 30 % der Reisekosten in Höhe von 1 169,40 DM im Reisebüro anzahlen.

Wie teuer ist ihr Spanienurlaub?

■ Aufgabe 3 ■

Am 16. Juli 1969 startete „Apollo-11" zu dem historischen Flug zum Mond. In den ersten zweieinhalb Minuten verbrauchten die fünf Triebwerke der ersten Stufe der „Saturn-5"-Trägerrakete 2 030 Tonnen Treibstoff – eine Menge, die 72,5 % ihres Startgewichtes entsprach!

Welches Gewicht hatte die „Saturn 5" vor ihrem Start zum Mond?

Start einer Saturn-5-Rakete vom Kennedy Space Center auf Cape Canaveral (Florida/USA)

34

▪ Aufgabe 4 ▪ ● ●

Die Oberfläche unserer Erde besteht zum größten Teil aus Meeren und nur zu 29,2 % aus Festland. Dieser Anteil entspricht ungefähr einer Fläche von 148,92 Mill. km^2.

Gib das Ergebnis in Mill. km^2 an.

▪ Aufgabe 5 ▪ ● ●

Ausgestorbene Tierarten in der Bundesrepublik Deutschland		
Familie	Anzahl	%
Wirbeltiere	31	6,9
Säugetiere	7	7,5
Vögel	20	7,8
Fische (Süßwasser)	4	5,7

Blick aus dem All auf die Erde. Afrika und die Arabische Halbinsel sind gut zu erkennen.

Bestimme die ursprüngliche Anzahl der in Deutschland lebenden Arten in jeder oben aufgeführten Familie. – Runde sinnvoll.

20 Goldstücke kannst du dir auf der Seite 34/35 verdienen. 14 davon fordern die „Meister der Prozent- und Zinsrechnung" von dir ein!

▪ Aufgabe 6 ▪ ● ● ●

Beim Kinostart des neuesten James-Bond-Filmes erhielten 574 Gäste des Premierenpublikums eine Freikarte. Die verbleibenden 30 % wurden an der Abendkasse frei verkauft.

a) Wie groß war das Premierenpublikum?

b) Wie viele Kinokarten konnte man noch an der Kasse erstehen?

ZWEI RECHENSCHRITTE AUF EINEN STREICH

Vermehrter und verminderter Grundwert

Der vermehrte Grundwert

gegeben: Grundwert; Prozentsatz

gesucht: vermehrter Grundwert

kurz: G   p   W$_+$

Ansatz: erweiterte Formel zur Berechnung des vermehrten Grundwertes

Bei der Berechnung des vermehrten Grundwertes gehen wir davon aus, daß sich der Grundwert um einen bestimmten Prozentwert vermehrt.

W$_+$ = G + W

Daraus folgt: $W_+ = G + W$

Wir wissen bereits, daß $W = \dfrac{G \cdot p}{100}$ ist.

Zwei Rechenschritte auf einen Streich!

Somit erhalten wir die Formel $W_+ = G + \dfrac{G \cdot p}{100}$ …

… und vereinfachen sie zu $W_+ = G \cdot (1 + \dfrac{p}{100})$.

Bringen wir die Klammer $(1 + \dfrac{p}{100})$ auf den Hauptnenner 100, so erhalten wir unsere gesuchte Gleichung.

Formel zur Berechnung des vermehrten Grundwertes

Mit dieser Formel fällt es dir leicht, die Aufgaben zu lösen.

$$\frac{(100\,\% + \text{Prozentsatz}) \cdot \text{Grundwert}}{100} = \text{vermehrter Grundwert}$$

$$\textit{kurz:} \quad \frac{(100 + p) \cdot G}{100} = W_+$$

Lösung: Zum Schluß setzt du die gegebenen Zahlenwerte in die Formel ein und berechnest schriftlich oder mit dem Taschenrechner den vermehrten Grundwert. Anschließend brauchst du nur noch das Ergebnis mit einem Lineal zweimal sauber zu unterstreichen.

> **Ergebnis:** <u>vermehrter Grundwert</u>

Beispielaufgabe:

Die automatische Abfüllanlage einer Getränkefabrik füllt an einem Tag 21 600 Flaschen Limonade ab. Im Zuge einer technischen Verbesserung war es möglich, die Leistung der Anlage um 23,5 % zu steigern.

Musterlösung: Beispielaufgabe zum vermehrten Grundwert.

Wieviel Flaschen Limonade können daraufhin täglich abgefüllt werden?

gegeben: $G = 21\,600$ Flaschen; $p = 23,5\,\%$ **gesucht:** W_+

Ansatz: vermehrter Grundwert: $\dfrac{(100 + p) \cdot G}{100} = W_+$

Wieder steht dir bei der Lösung der Aufgabe das Lösungswerkzeug „GAL" hilfreich zur Seite.

Lösung: Durch Einsetzen der gegebenen Größen in die Formel erhalten wir:

$$\frac{(100 + 23,5) \cdot 21\,600 \text{ Flaschen}}{100} = \underline{\underline{26\,676 \text{ Flaschen}}}$$

Die tägliche Leistung der automatischen Abfüllanlage beträgt nun 26 676 Flaschen Limonade.

Ich mag Limo 100%ig.

▪ Aufgabe 1 ▪ ●

Signalwörter wie z. B. Mehrwertsteuer, Gewinn, Preisaufschlag oder Bruttopreis weisen dich auf den vermehrten Grundwert hin!

Um sein Taschengeld aufzubessern, trägt Tobias zweimal in der Woche Zeitungen aus. Nach einem halben Jahr wird sein monatlicher Arbeitslohn von 420 DM um 4,5 % erhöht.

Wieviel Lohn bekommt Tobias nun ausgezahlt?

▪ Aufgabe 2 ▪ ●

Nach einiger Zeit möchte sich Tobias von seinem ersparten Geld neue Lautsprecher für seine Stereoanlage kaufen. Die ausgewählten Boxen kosten 996 DM. Für die Edelholzausführung müßte er 15 % des angegebenen Kaufpreises zuzahlen.

Berechne den höheren Kaufpreis.

Die amerikanische Lockheed SR-71 „Blackbird" fliegt dreieinhalbfache Schallgeschwindigkeit.

▪ Aufgabe 3 ▪ ●

Eines der ersten Motorflugzeuge, die französische Santos-Dumont 14, erreichte eine Spitzengeschwindigkeit von 42 km/h. Dieser für damalige Verhältnisse sagenhafte Geschwindigkeitsrekord wird heute von modernen Düsenflugzeugen um mehr als 7 150 % überboten.

Welche Geschwindigkeiten können moderne Düsenflugzeuge erreichen?

▪ Aufgabe 4 ▪ ● ●

1993 waren in der Bundesrepublik Deutschland 3,42 Mill. Menschen ohne Arbeit. Bis Ende 1995 verzeichnete man einen Anstieg der Arbeitslosenzahl um 5,6 %.

Gib das Ergebnis in Mill. Menschen an. – Runde sinnvoll.

▪ Aufgabe 5 ▪ ● ●

Susanne möchte sich einen Computer kaufen. Der Grundpreis beträgt 2 400 DM. Für ein CD-ROM-Laufwerk muß sie zusätzlich 10 % des Kaufpreises aufbringen. Eine Soundkarte mit Aktivboxen schlägt nochmals mit 15 % zu Buche. 20 % des Grundpreises bezieht sie als Aufpreis für einen größeren Monitor in ihre Rechnung ein.

Wie teuer ist Susannes neuer Computer?

▪ Aufgabe 6 ▪ ● ● ●

Im Zuge der Neueinschulungen ist die Schülerzahl der Gerhart-Hauptmann-Schule von 675 Schülern um 24 % angestiegen. Laut einer Umfrage der Schulleitung fährt jeder dritte Schüler mit dem Fahrrad oder Mofa zur Schule. Im Fahrradkeller können 390 Zweiräder eingestellt werden.

Können alle Schüler ihre Fahrräder und Mofas im Fahrradkeller abstellen?

Hier kannst du dir 10 Goldstücke verdienen.
7 davon fordern die „Meister der Prozent- und Zinsrechnung" von dir ein!

Der verminderte Grundwert

WICHTIG!
Den verminderten Grundwert bezeichnen wir als W_!

gegeben: Grundwert; Prozentsatz   **gesucht:** verminderter Grundwert

kurz: **G**   p   W_

Ansatz: erweiterte Formel zur Berechnung des verminderten Grundwertes

Berechnen wir den verminderten Grundwert, so gehen wir davon aus, daß sich der Grundwert um einen bestimmten Prozentwert vermindert.

W_ = G – W

Es folgt daraus: $W_- = G - W$

Damit können wir die Formel zur Berechnung des verminderten Grundwertes herleiten:

Wie wir ja schon wissen, ist $W = \dfrac{G \cdot p}{100}$.

Auch hier werden zwei Rechenschritte zu einem vereinigt.

Dadurch erhalten wir die Formel $W_- = G - \dfrac{G \cdot p}{100}$.

Diese vereinfachen wir zu $W_- = G \cdot (1 - \dfrac{p}{100})$.

Jetzt müssen wir nur noch die Klammer $(1 - \dfrac{p}{100})$ auf den Hauptnenner 100 bringen. Das Ergebnis ist unsere gesuchte Formel.

Formel zur Berechnung des verminderten Grundwertes

Diese Formel verwendest du zur Lösung deiner Aufgaben.

$$\frac{(100\,\% - \text{Prozentsatz}) \cdot \text{Grundwert}}{100} = \text{verminderter Grundwert}$$

kurz:

$$\frac{(100 - p) \cdot G}{100} = W_-$$

Lösung: Nun brauchst du nur noch die gegebenen Größen in die Formel einzusetzen. Dann rechnest du schriftlich oder mit dem Taschenrechner den verminderten Grundwert aus. Abschließend unterstreichst du das Endergebnis zweimal sauber mit einem Lineal.

> **Ergebnis:** verminderter Grundwert

Beispielaufgabe:

Beim Kauf eines Mountain-Bikes stellt Mike einen Lackschaden am Fahrradrahmen fest. Da der Händler kein weiteres Bike vergleichbarer Ausstattung auf Lager hat, ist er bereit, den Verkaufspreis von 1 098 DM um 20 % zu senken.

Musterlösung: Beispielaufgabe zum verminderten Grundwert.

Berechne den reduzierten Verkaufspreis.

gegeben: $G = 1\,098$ DM; $p = 20\,\%$ **gesucht:** W_-

Ansatz: verminderter Grundwert: $\dfrac{(100 - p) \cdot G}{100} = W_-$

Das Lösungswerkzeug „GAL" führt dich wieder ans Ziel.

Lösung: Durch Einsetzen der gegebenen Größen in die Formel erhalten wir:

$$\frac{(100 - 20) \cdot 1\,098\,\text{DM}}{100} = \underline{\underline{878{,}40\,\text{DM}}}$$

Mike muß nur noch 878,40 DM für das Mountain-Bike bezahlen.

▪ Aufgabe 1 ▪ ●

Achte bei der Berechnung des verminderten Grundwertes auf Signalwörter wie z. B. Rabatt, Skonto, Nettopreis oder Preisnachlaß!

Die Klasse 7a des Städtischen Gymnasiums besuchen 32 Schüler. 25 % von ihnen sind momentan an Grippe erkrankt.

Wieviel Schüler nehmen zur Zeit am Unterricht teil?

▪ Aufgabe 2 ▪ ●

Für die Reparatur der Waschmaschine müssen Sonjas Eltern 268,50 DM bezahlen. Wird der Rechnungsbetrag innerhalb von 8 Tagen beglichen, gewährt ihnen der Reparaturbetrieb 2 % Skonto.

Wie Rabatt ist auch Skonto ein Preisnachlaß.

Skonto? – Hab' ich nie gehört!

Wie hoch ist der Betrag, den Sonjas Eltern 2 Tage später überweisen?

▪ Aufgabe 3 ▪ ●

Die Immunschwächeerkrankung *Aids* gehört zu den gefährlichsten Seuchen unserer Erde. In Deutschland waren Anfang 1995 am Robert-Koch-Institut in Berlin 66 600 infizierte Personen gemeldet, 81,5 % mehr als 1983.

Wieviel Personen waren 1983 in Deutschland an Aids erkrankt?

▪ Aufgabe 4 ▪ ● ●

Achtung! Bei dieser Aufgabe fehlt die Frage.

„Innerhalb der letzten neun Monate", so berichtet ein Sprecher der Polizei, „ging die Zahl der Autodiebstähle bundesweit um 4 % zurück. Im Vergleichszeitraum des Vorjahres wurden im Bundesgebiet 154 200 PKW entwendet."

▪ Aufgabe 5 ▪ ● ●

Zahlreiche Eisenbahnverbindungen wurden von der Deutschen Bahn AG modernisiert und für den Einsatz von Hochgeschwindigkeitszügen vorbereitet. So konnte man zum Beispiel auf der Strecke Hamburg – Berlin die Fahrzeit von bisher 150 Minuten um 12 % senken.

Gib die neue Fahrzeit in Minuten **und** in Stunden an.

Der Intercity-Expreßzug (ICE) erreichte auf einer Rekordfahrt im Mai 1988 406,9 km/h.

10 Goldstücke kannst du dir in diesen Übungen verdienen.
7 davon fordern die „Meister der Prozent- und Zinsrechnung" von dir ein!

▪ Aufgabe 6 ▪ ● ● ●

In Vaters altem Mathematikbuch entdeckt Anja eine interessante Aufgabe:

Ein Radfahrer fährt mit einer durchschnittlichen Geschwindigkeit von 26 km/h und wird nach 3 Stunden sein Ziel erreichen. Nachdem er 75 % seiner Wegstrecke zurückgelegt hat, muß er mit einer Fähre ans andere Ufer eines Flusses übersetzen.

a) Wie weit hat es der Radfahrer noch bis zu seinem Ziel?

b) Welche Wegstrecke hat er bereits zurückgelegt?

Prozentangaben grafisch dargestellt

Fast täglich werden wir heute durch das Fernsehen oder die Tageszeitung mit statistischem Zahlenmaterial versorgt. Nicht selten ist diese Zahlenflut in kleine „Bilder", sogenannte **Diagramme**, verpackt. Ihre Aufgabe besteht darin, uns **Zahlenwerte** und **Größenverhältnisse anschaulich** zu präsentieren.

Was ist ein Diagramm?

Das Streifendiagramm

Wie zeichne ich ein Streifendiagramm?

Allgemein zeichnen wir ein **Streifendiagramm**, indem wir die gegebenen oder errechneten **Prozentsätze** in **Streifenstücke** umwandeln und zu einem **Streifen** hintereinander zusammenfügen.

Multiplizieren wir den Zahlenwert des gegebenen **Prozentsatzes** mit dem gewählten **Maßstab**, so erhalten wir die **Länge** eines **Streifens**. In der Praxis empfiehlt sich der Maßstab $1\% \triangleq 1$ **mm**.

Streifenlänge = p · Maßstab

So sieht ein Streifendiagramm aus.

p_1 · Maßstab = Streifenlänge	p_2 · Maßstab = Streifenlänge	usw.

Diagrammlänge = (p_1 · **Maßstab**) + (p_2 · **Maßstab**) + ...

Um einen Streifen genau zeichnen zu können, müssen wir die berechnete **Streifenlänge** auf **eine** Stelle **vor** dem Komma **auf-** oder **abrunden**. So entstehen **ganze** Zahlen.

Dezimalzahlen richtig runden!

Die **Summe** der gegebenen **Prozentsätze** ergibt immer **100 %**. Somit setzt sich die **Länge** unseres **Streifendiagramms** aus der **Summe** der **Längen** der einzelnen **Streifenstücke** zusammen.

Die Länge des Diagramms entspricht immer 100 %.

Beispielaufgabe:

Bei der Wahl zum Klassensprecher entfielen auf Michael 43,6 %, auf Sandra 38,4 % und auf Stefan 18 % der abgegebenen Stimmen.

Stelle das Wahlergebnis durch ein Streifendiagramm grafisch dar.

Musterlösung:
Wie erstelle ich
ein Streifen-
diagramm?

gegeben: p (Michael) = 43,6 %   **gesucht:** Länge der einzelnen
p (Sandra) = 38,4 %   Streifen
p (Stefan) = 18 %

Ansatz: Streifendiagramm (**Maßstab: 1 % $\triangleq$ 1 mm**)

Achte auf den
Maßstab!

Lösung: Zuerst berechnen wir die Länge der einzelnen Streifen:

Peter: 43,6 · 1 mm = 43,6 mm $\Rightarrow$ 43,6 mm $\approx$ 44 mm
Sandra: 38,4 · 1 mm = 38,4 mm $\Rightarrow$ 38,4 mm $\approx$ 38 mm
Stefan: 18   · 1 mm = 18   mm

Wir berechnen
die Streifen-
längen.

Nachdem wir die Streifenlängen bestimmt haben, ermitteln wir die Diagrammlänge. Diese setzt sich aus den Längen der einzelnen Streifenstücke zusammen:

Wir ermitteln die
Diagrammlänge.

44 mm + 38 mm + 18 mm = 100 mm = 10 cm

Nach diesen „Vorarbeiten" können wir nun das Streifendiagramm zeichnen:

Zuerst zeichnen wir ein Rechteck 10 cm lang und 1 cm breit. *(Die Breite eines Streifendiagramms sollte zwischen 1 cm und 2 cm liegen!)* Anschließend übertragen wir die berechneten Streifenstücke in dieses Rechteck und beschriften das Diagramm sorgfältig.

Wie zeichne ich
das Streifen-
diagramm?

Peter 43,6 %	Sandra 38,4 %	Stefan 18 %

Das Kreisdiagramm

Im allgemeinen zeichnen wir ein **Kreisdiagramm**, indem wir die gegebenen oder errechneten **Prozentsätze** in **Kreissektoren** umwandeln und zu einem **Kreis** zusammenfügen.

Aus der Geometrie wissen wir, daß ein **Kreis** durch einen **Vollwinkel (360°)** beschrieben wird. Auch in einem **Kreisdiagramm** ergibt die **Summe** der gegebenen **Prozentsätze** immer **100 %**. Daher können wir aus diesen beiden Aussagen den **Umrechnungsfaktor** für die gesuchten **Mittelpunktswinkel** unserer **Kreisausschnitte (Sektoren)** bestimmen:

Dividieren wir **360°** durch **100**, so erhalten wir als Umrechnungsfaktor **3,6°**. Somit entspricht **1 %** in einem Kreisdiagramm **3,6°**.
Multiplizieren wir die **Prozentsätze** mit dem Umrechnungsfaktor **3,6°**, erhalten wir die Mittelpunktswinkel der einzelnen Sektoren.

Liegt uns ein **Mittelpunktswinkel** als **Dezimalzahl** vor, müssen wir ihn auf **eine** Stelle **vor** dem Komma **auf-** oder **abrunden.** Dadurch erhalten wir ganzzahlige Winkelgrößen.

100 % entsprechen 360°.

1% entspricht immer 3,6°.

Mittelpunktswinkel eines Kreissektors
= p · 3,6°

Dezimalzahlen richtig runden

So sieht ein Kreisdiagramm aus.

$$360° = (p_1 \cdot 3,6°) + (p_2 \cdot 3,6°) + (p_3 \cdot 3,6°) + \ldots$$

Beispielaufgabe:

41 % von Tims Klassenkameraden und -kameradinnen fahren täglich mit dem Bus und 32 % mit dem Fahrrad zur Schule. Der Rest (27 %) geht zu Fuß.

Stelle diesen Sachverhalt grafisch in einem Kreisdiagramm dar.

gegeben: p (Bus)   = 41 %   **gesucht:** Mittelpunktswinkel
            p (Fahrrad) = 32 %   der Kreissektoren
            p (zu Fuß) = 27 %

Ansatz: Kreisdiagramm (1 % $\triangleq$ 3,6°)

Lösung: Zuerst berechnen wir die Mittelpunktswinkel für die einzelnen Kreissektoren:

Bus: 41 · 3,6° = 147,6° *gerundet:* ≈ 148°
Fahrrad: 32 · 3,6° = 115,2°   ≈ 115°
zu Fuß: 27 · 3,6° = 97,2°   ≈ 97°

Aus den berechneten Winkeln können wir nun unser Kreisdiagramm zeichnen:

Zuerst zeichnen wir einen Kreis mit dem Radius r = 2 cm. Dann tragen wir bei 0° beginnend die Mittelpunktswinkel der Kreissektoren nacheinander in den Kreis ein. Zum Schluß beschriften wir das Diagramm sorgfältig.

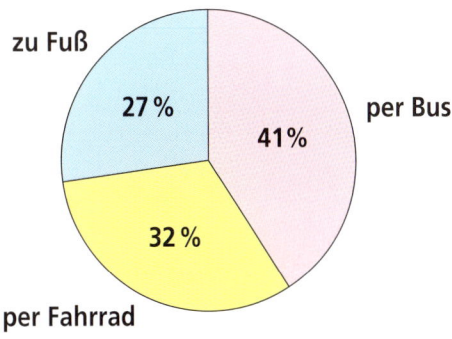

Musterlösung:
Wie erstelle ich ein Kreisdiagramm?

Präge dir den Umrechenfaktor ein.

Wir berechnen den Mittelpunktswinkel.

Wie zeichne ich das Kreisdiagramm?

So sieht das Diagramm zur Beispielaufgabe aus.

Das Balkendiagramm

Wir zeichnen ein **Balkendiagramm,** indem wir jeden gegebenen oder errechneten **Prozentsatz** in einen **Balken** umwandeln und in ein **Koordinatensystem waagerecht** oder **senkrecht** nacheinander eintragen.

Der große **Vorteil** eines **Balkendiagramms** liegt darin, daß wir, wenn nötig, **Gewinne** und **Verluste** in **einem** Diagramm grafisch darstellen können.

Ein **Koordinatensystem** besteht aus einer waagerechten **x-Achse** und einer senkrechten **y-Achse.**

Ordnen wir die **Balken** im **Koordinatensystem waagerecht** an, so werden ihre **Längen** in **x-Achsenrichtung** abgebildet. Alle Balken haben die gleiche Breite. Wir tragen die Balken in **y-Achsenrichtung** übereinander ins Koordinatensystem ein. **Gewinne** werden auf der **rechten** und **Verluste** auf der **linken** Seite der **y-Achse** angeordnet. Auf diese Weise bildet die **x-Achse** die **Größe der Prozentsätze** und die **y-Achse** ihre **Anordnung** ab.

Gewinne und Verluste: *ein* Diagramm!

Koordinatensystem: x-Achse und y-Achse

Wie zeichne ich ein Balkendiagramm?

So sieht ein Balkendiagramm aus.

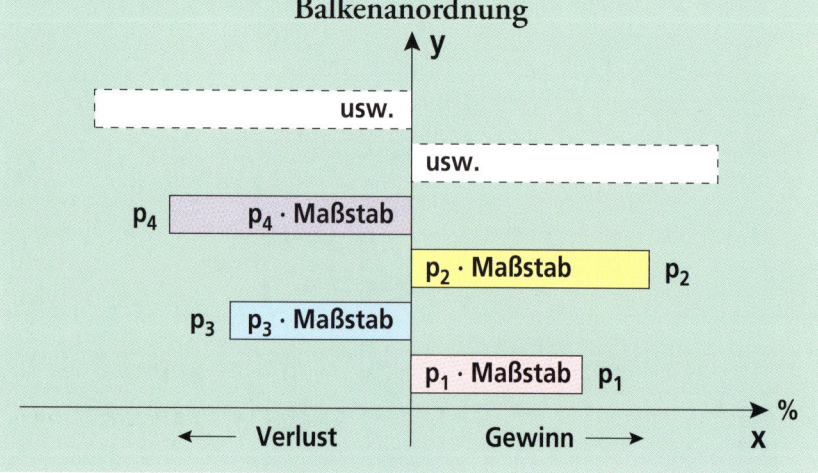

Balkenanordnung

48

Die **Länge** eines **Balkens** ergibt sich aus der **Multiplikation** des **Prozentsatzes** mit dem gewählten **Maßstab.** Auch hier empfiehlt sich aus Platzgründen der Maßstab 1 % ≙ 1 mm.

Nicht **ganzzahlige Balkenlängen** müssen wir, wie du weißt, auf **eine** Stelle **vor** dem Komma **auf-** oder **abrunden.**

Zeichnest du die **Balken senkrecht** ins **Koordinatensystem,** so bildest du ihre **Längen** in **y-Achsenrichtung** ab. Die Breite der Balken ist immer gleich und wird in **x-Achsenrichtung** nebeneinander ins Koordinatensystem übertragen. Dadurch werden die **Gewinne oberhalb** und die **Verluste unterhalb** der **x-Achse** angeordnet. Somit stellt die **y-Achse** die **Größe** der **Prozentsätze** und die **x-Achse** ihre **Anordnung** dar. Zur besseren Unterscheidung bezeichnen wir diese Form des Balkendiagramms als **Säulendiagramm.**

Balkenlänge:
p · Maßstab

Dezimalzahlen richtig runden

Wie zeichne ich ein Säulen-diagramm?

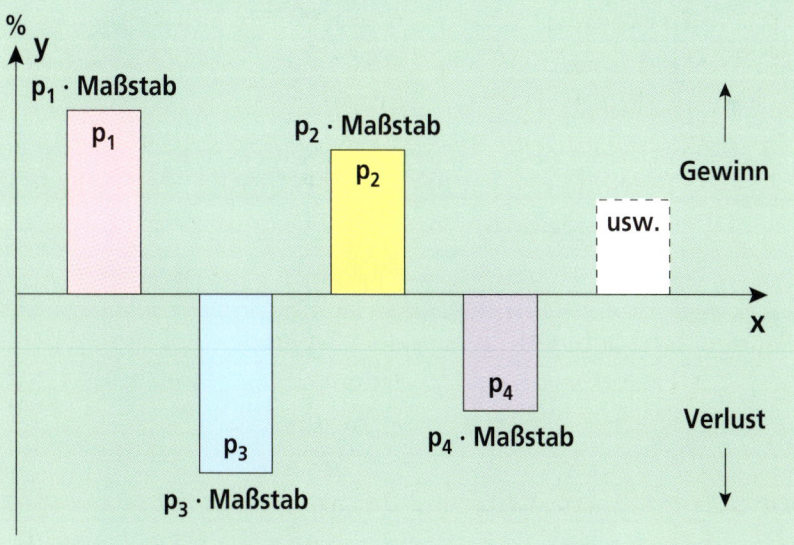

So sieht ein Säulendiagramm aus.

Die auf Seite 48/49 beschriebenen Diagramme sind **zwei mögliche Formen,** um Prozentangaben als **Balkendiagramme** darzustellen.

Beispielaufgabe:

Musterlösung:
Wie erstelle ich
ein Balken- und
Säulen-
diagramm?

Balken- und Säulendiagramme werden vor allem in den Medien zur Wahlanalyse herangezogen. Bei der letzten Bundestagswahl im Oktober 1994 erzielten die in der Tabelle aufgeführten Parteien folgende Stimmengewinne bzw. Stimmenverluste:

Partei	Stimmengewinne/-verluste
CDU/CSU	− 2,3 %
SPD	+ 2,9 %
Bündnis 90/Grüne	+ 2,2 %
FDP	− 4,1 %

Stelle die Gewinne und Verluste der Parteien in einem Balken- und anschließend in einem Säulendiagramm übersichtlich dar.

Gewinne:
positives
Vorzeichen

gegeben: p (CDU/CSU) = − 2,3 % **gesucht:** Länge der Balken
p (SPD)   = + 2,9 %   und Säulen
p (Grüne)   = + 2,2 %
p (FDP)   = − 4,1 %

Verluste:
negatives
Vorzeichen

Gewinne werden mit einem **positiven** und **Verluste** mit einem **negativen Vorzeichen** gekennzeichnet.

Ansatz: Balken-/Säulendiagramm (**Maßstab: 1 % ≙ 1 cm!**)

Lösung: Zuerst berechnen wir die Längen der Balken und Säulen. Da die gegebenen Prozentangaben sehr klein sind, haben wir den Maßstab auf 1 cm vergrößert.

Achte auf den
Maßstab!

CDU/CSU: − 2,3 · 1 cm = − 2,3 cm (23 mm)
SPD: + 2,9 · 1 cm = + 2,9 cm (29 mm)
Grüne: + 2,2 · 1 cm = + 2,2 cm (22 mm)
FDP: − 4,1 · 1 cm = − 4,1 cm (41 mm)

Aus den berechneten Balken- und Säulenlängen können wir nun unsere Diagramme zeichnen:

Balkendiagramm

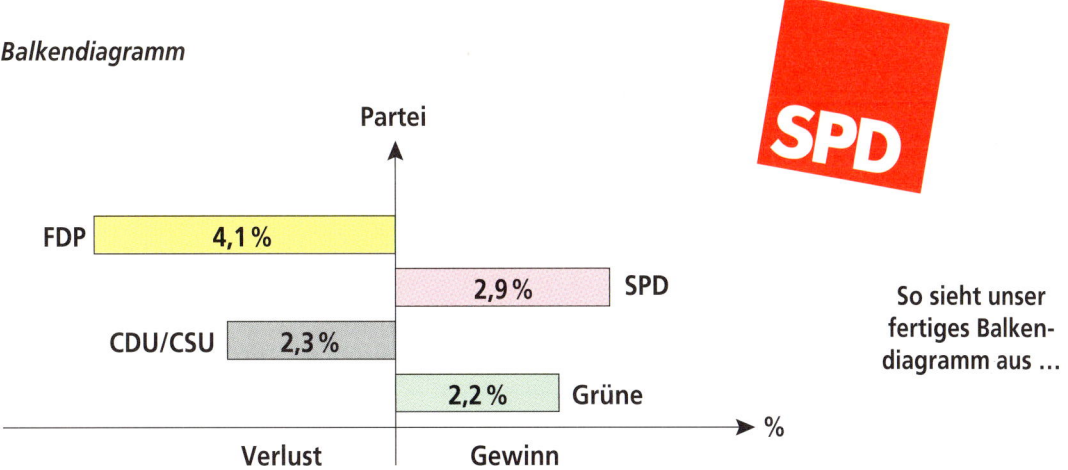

So sieht unser fertiges Balken-diagramm aus ...

Säulendiagramm

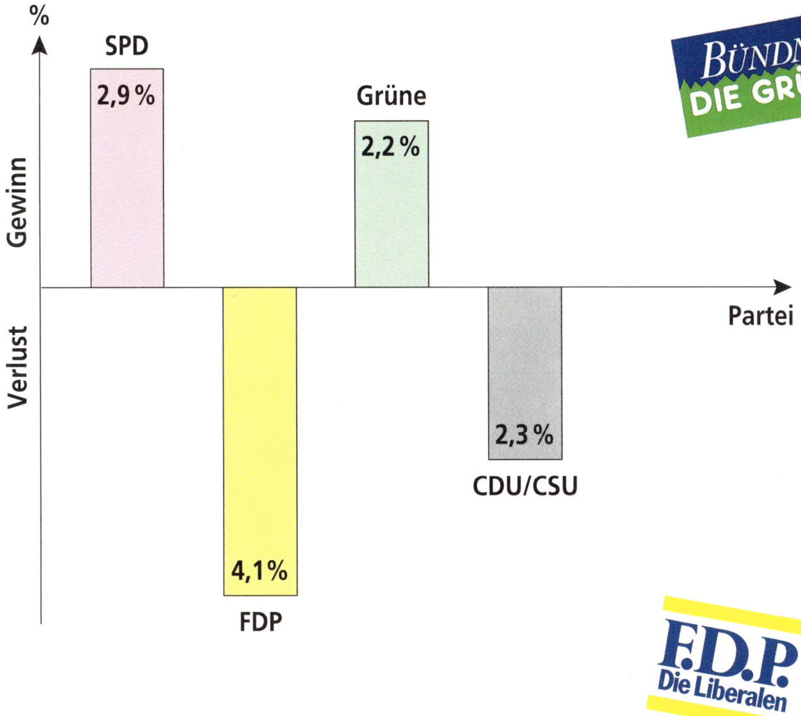

... und so unser Säulendiagramm!

▪ Aufgabe 1 ▪ ●

Als eine wesentliche Ursache für das Waldsterben gilt die andauernde Luftverschmutzung durch Stickstoffoxide und Schwefeldioxid.
1994 wiesen in Deutschland 36 % der Bäume keine Schäden auf, 39 % waren schwach und 25 % deutlich geschädigt.

Veranschauliche die Waldschäden zunächst in einem Kreisdiagramm. Zeichne danach auch ein Streifendiagramm.

▪ Aufgabe 2 ▪ ●

Um die Diagramme sauber zeichnen zu können, benötigst du einen spitzen Bleistift, ein Geodreieck und einen Zirkel!

Die Nichteisenlegierung „Neusilber" verwendet man in feinmechanischen und medizinischen Geräten. Sie besteht aus 60 % Kupfer, 22 % Nickel und 18 % Zink. (Eine *Legierung* ist ein Metallgemisch.)

Stelle die Zusammensetzung von Neusilber in einem Kreis- und in einem Streifendiagramm grafisch dar.

▪ Aufgabe 3 ▪ ●

Josefines neue Jacke besteht aus 70 % Wolle, 20 % Mohair und 10 % Polyamid.

Fertige anhand dieser Prozentangaben ein Kreis- und ein Streifendiagramm an.

52

▪ Aufgabe 4 ▪ ● ●

Vollmilch setzt sich aus folgenden Inhaltsstoffen zusammen:

Wasser:	87,5 %
Fett:	3,5 %
Kohlenhydrate:	4,8 %
Eiweiß:	3,3 %
Vitamine und Mineralstoffe:	0,9 %

Stelle die in der Tabelle angegebenen Prozentsätze in einem Kreisdiagramm dar.

▪ Aufgabe 5 ▪ ● ●

1994 erreichte das Müllaufkommen in Deutschland mit 310 Millionen Tonnen einen traurigen Höhepunkt. Davon entfielen auf:

Bauschutt:	47,1 %
Industrieabfälle:	40,0 %
Hausmüll:	10,9 %
Klärschlamm:	2,0 %

Zeichne anhand dieser Daten ein Kreisdiagramm.

9 Goldstücke kannst du dir maximal auf dieser Doppelseite verdienen. 5 davon fordern die „Meister der Prozent- und Zinsrechnung" von dir ein.

▪ Aufgabe 6 ▪ ● ●

Bei einer Schiffshavarie konnte man 46 % der Schiffsladung unbeschädigt, 22 % leicht und 15 % zum Teil schwer beschädigt bergen. 17 % der Ladung gingen verloren.

Veranschauliche die Schadensbilanz in einem Kreis- und in einem Streifendiagramm.

▪ Aufgabe 7 ▪ 🟡 🟡

Nach langer Zeit räumen Robert und sein Vater wieder einmal den Keller auf. Am späten Nachmittag bringen die beiden 34 kg Altglas zur nahegelegenen Altglassammelstelle. Vorher müssen sie jedoch das Glas nach Farben sortieren. Anschließend entsorgen sie 15,3 kg weißes, 10,2 kg grünes und 8,5 kg braunes Glas in die Container.

Berechne die einzelnen Prozentsätze, und erstelle anschließend ein Kreis- und ein Streifendiagramm.

▪ Aufgabe 8 ▪ 🟡 🟡

Der Erlös einer Tombola soll gemeinnützigen Zwecken zugeführt werden. Von den erspielten 20 000 DM erhält das städtische Jugendzentrum 9 000 DM, der Behindertenkindergarten 7 000 DM und ein Obdachlosenprojekt 4 000 DM.

Ordne die Prozentsätze der Spendenverteilung übersichtlich in einem Kreis- und in einem Streifendiagramm an.

Berechne zuerst die Prozentsätze, und zeichne dann die Diagramme!

▪ Aufgabe 9 ▪ 🟡 🟡

Endlich ist es soweit! Das Ergebnis der Schülersprecherwahl wird bekanntgegeben. Zur Wahl standen **Gabriele** (Klasse 9a), **Martin** (Klasse 9c), **Uschi** (Klasse 8b) und **Lothar** (Klasse 10 d). Insgesamt wurden 486 Stimmen abgegeben. Es entfielen auf Lothar 152, auf Gabriele 149, auf Martin 114 und auf Uschi 71 der abgegebenen Stimmen.

Gib das Wahlergebnis in % in einem Säulendiagramm wieder.

Hinweis: Runde die Prozentsätze auf eine Stelle nach dem Komma. Zeichne das Diagramm im Maßstab 1% ≙ 2 mm.

▪ Aufgabe 10 ▪ ●●●

Für die nächste Ausgabe der Schülerzeitung soll Mario eine Wahlanalyse der Schülersprecherwahl anfertigen. Da Gabriele, Martin,
Uschi und Lothar auch im letzten Jahr bei der Wahl des Schüler-
sprechers kandidierten, kann Mario die Wahlergebnisse direkt
vergleichen. Die Stimmengewinne und -verluste stellt er in einer
Tabelle dar.

Kandidaten	Stimmengewinne/-verluste im Vergleich zum Vorjahr
Gabriele	+ 17,4 %
Martin	− 12,3 %
Uschi	+ 14,6 %
Lothar	− 9,8 %

Kannst du Marios Wahlanalyse grafisch in einem Balken- und in einem
Säulendiagramm darstellen?
Hinweis: Zeichne die Diagramme im Maßstab 1 % ≙ 2 mm.

▪ Aufgabe 11 ▪ ●●●

Die vier wichtigsten Exportländer eines Industriebetriebes sind die USA,
Frankreich, Rußland und China. Zum Jahresabschluß veröffentlicht das
Unternehmen folgende Exportbilanz:

**12 Goldstücke
sind auf dieser
Doppelseite zu
verdienen.
8 davon fordern
die „Meister der
Prozent- und
Zinsrechnung"
von dir ein!**

Markt (Export)	Wachstum in %
USA	+ 24,3
Frankreich	− 17,9
Rußland	− 37,3
China	+ 39,6

Fertige für das Unternehmen ein Balken- und ein Säulendiagramm an.

UND JETZT DAS GANZE VON VORN!

Die Prozentrechnung auf einen Blick

Wir berechnen den Prozentwert

Die Herleitung der Rechenwege und Formeln findest du in den gleichnamigen Kapiteln.

gegeben: Prozentsatz; Grundwert		**gesucht:** Prozentwert	
kurz: p	G	W	

Ansatz: Dreisatz (proportional)

Lösung: 100 % → G

1. Satz: p → x

2. Satz: 1 % → G : 100

3. Satz: (G : 100) · p = W

Ergebnis: <u>Prozentwert</u>

Prozentformel:

$$\frac{G \cdot p}{100} = W$$

Wir berechnen den Prozentsatz

gegeben: Grundwert; Prozentwert   **gesucht:** Prozentsatz
kurz: G   W   p

Ansatz: Dreisatz (proportional)

Lösung: G → 100 %

1. Satz: W → x

2. Satz: 1 % → 100 : G

3. Satz: (100 : G) · W = p

Ergebnis: <u>Prozentsatz</u>

Prozentformel:

$$\frac{W \cdot 100}{G} = p$$

Wir berechnen den Grundwert

gegeben: Prozentsatz; Prozentwert   **gesucht:** Grundwert

kurz: p   W   G

Ansatz: Dreisatz (proportional)   **Prozentformel:**

Lösung: p $\rightarrow$ W $\dfrac{W \cdot 100}{p} = G$

1. Satz: 100 % $\rightarrow$ x

2. Satz: 1 % $\rightarrow$ W : p

3. Satz: (W : p) $\cdot$ 100 = G

        Ergebnis: <u>Grundwert</u>

Mein Bedarf an Formeln ist fürs erste gedeckt!

Der vermehrte und verminderte Grundwert

gegeben: Prozentsatz; Grundwert   **gesucht:** vermehrter bzw.
                                             verminderter
                                             Grundwert

kurz: p   G W_+ bzw. W_-

Der vermehrte Grundwert:

Ansatz: erweiterte Formel zur Berechnung des vermehrten Grundwertes

Lösung: $\dfrac{(100 + p) \cdot G}{100} = W_+$

        Ergebnis: <u>vermehrter Grundwert</u>

Formel:
vermehrter
Grundwert

Der verminderte Grundwert:

Ansatz: erweiterte Formel zur Berechnung des verminderten Grundwertes

Lösung: $\dfrac{(100 - p) \cdot G}{100} = W_-$

        Ergebnis: <u>verminderter Grundwert</u>

Formel:
verminderter
Grundwert

AUF LOS GEHT'S LOS!

Abschlußtest Prozentrechnung

▪ Aufgabe 1 ▪ ●

Das Gas Kohlendioxid ist maßgeblich an der Entstehung des Treibhauseffektes und damit an der Veränderung unseres Klimas beteiligt. Jährlich werden in Deutschland 840 Millionen Tonnen Kohlendioxid in die Atmosphäre ausgestoßen. Allein 36 % entfallen dabei auf die Stromerzeugung in Kraftwerken.

Rauchende Schornsteine eines Braunkohlekraftwerks

Gib das Ergebnis in Millionen (Mill.) Tonnen an.

▪ Aufgabe 2 ▪ ●

Berechne den Prozentwert. Runde sinnvoll, wenn nötig.

a) 2,8 % von 340 ha
   1,6 % von 986 l
   5,3 % von 296 g

b) 12 % von 145 mg
   37 % von 98 DM
   29 % von 126 m²

c) 11,4 % von 3 750 Hz
   20,3 % von 940 Ω
   42,5 % von 1 040 N

▪ Aufgabe 3 ▪ ●

Bis Ende 1997 müssen in Deutschland alle Tankstellen mit einem Absaugsystem für giftige Benzindämpfe, dem sogenannten Saugrüssel, ausgerüstet sein. 3 742 Tankstellen, etwa 20 %, waren Anfang 1995 mit diesem System ausgerüstet.

▪ Aufgabe 4 ▪

Durch den Einsatz von Dünge- und Pflanzen-
schutzmitteln in der Landwirtschaft sind
unsere Lebensmittel zum Teil erheblich mit
Schadstoffen belastet. In sogenannten Ökobetrieben verzichtet man deshalb beim
Ackerbau und bei der Viehhaltung auf che-
mische Zusätze. 15 000 Betriebe dieser Art
gab es 1993 in Europa, 4 794 davon in
Deutschland.

Wieviel Prozent sind das?

Traktor beim
Aussprühen von
Pflanzenschutz-
mitteln

▪ Aufgabe 5 ▪ ●

Berechne den Prozentsatz. Vergiß nicht zu runden, wenn es nötig ist.

a) 9,2 g von 230 g   b) 74 hl von 925 hl   c) 14,7 mg von 300 mg
    3,6°C von 24°C   13 m³ von 104 m³   21,8 cm von 109 cm
    4,7 l von 188 l   41 ha von 164 ha   56,6 ml von 400 ml

Auf dieser
Doppelseite
kannst du dir
23 Goldstücke
verdienen.
16 davon fordern
die „Meister der
Prozent- und
Zinsrechnung"
von dir ein!

▪ Aufgabe 6 ▪ ●

Die Frage „Sollte man grundsätzlich auf allen Autobahnen ein Tempolimit
von 130 km/h einführen?" beantworteten in einer Meinungsumfrage
64 % von 860 befragten Personen mit „Ja".

▪ Aufgabe 7 ▪ ●

Eine Autobahn überwindet auf einer Länge von 4,8 km einen Höhen-
unterschied von 144 m.

Gib die Steigung der Autobahn in % an.

Das ist ja nicht zum Aushalten!

▪ Aufgabe 8 ▪ ●

Im Tabakrauch sind etwa 3 800 Schadstoffe enthalten. Sie gelten als Hauptursache für die Entstehung von Lungenkrebs. Pro Jahr sterben weltweit 3 Millionen Menschen an den Folgen des Rauchens. Eine britische Langzeitstudie (1971–1991) belegt, daß 25 % der Todesfälle zwischen dem 35. und 65. Lebensjahr eintreten.

Aufgepaßt! Nicht immer ist die Frage nach der gesuchten Größe angegeben.

▪ Aufgabe 9 ▪ ●

Berechne den Grundwert. Runde, wenn nötig.

a) 7,4 % sind 11,1 cm   b) 19 % sind 104,5 m   c) 10,8 % sind 972 g
   9,6 % sind 33,6 hl   54 % sind 729 l   90,2 % sind 451 ha
   6,2 % sind 65,1 kg   76 % sind 1 102 Hz   32,9 % sind 987 N

▪ Aufgabe 10 ▪ ●

Einst war der Aralsee das viertgrößte Binnenmeer der Erde. Da seine Zuflüsse ab den 60er Jahren zur Bewässerung riesiger Baumwollplantagen genutzt wurden, sank sein Wasserspiegel in der Zeit von 1985 bis 1995 von 53,4 m um 69,1 %.

▪ Aufgabe 11 ▪ ●

Für ihr Hobby gibt Lena monatlich 60 % ihres Taschengeldes aus. Das sind 30 DM.

▪ Aufgabe 12 ▪ ●

Der Bremsweg eines Personenkraftwagens mit guten Bremsen beträgt bei einer Geschwindigkeit von 50 km/h auf trockener, asphaltierter Straßenoberfläche 12,5 m. Bei regennasser Fahrbahn erhöht sich der Bremsweg um 12 %.

▪ Aufgabe 13 ▪ ●

Leider gelten die Menschenrechte in vielen Ländern unserer Erde nicht uneingeschränkt. Nach Angaben der Menschenrechtsorganisation *amnesty international* leben 40 % der Weltbevölkerung in unfreien Staaten, 40 % in teilweise freien und nur 20 % in freien Ländern.

Stelle diesen Sachverhalt in einem Streifen- und in einem Kreisdiagramm übersichtlich dar.

▪ Aufgabe 14 ▪ ●

In ihrem Jahresbericht von 1994 meldet die Bundesanstalt für Arbeit, daß im Vergleich zum Vorjahr die Zahl der abgeschlossenen Lehrverträge um 4,4 % auf 450 210 zurückgegangen ist.

**16 Goldstücke kannst du dir auf Seite 60/61 verdienen.
10 davon fordern die „Meister der Prozent- und Zinsrechnung" als Teil der Aufnahmegebühr von dir ein!**

▪ Aufgabe 15 ▪ ●

Der Anteil der Kernenergie an der Stromerzeugung in Deutschland betrug 1993 29,2 %. Dies entsprach einer Energie von rund 154 Milliarden Kilowattstunden (Mrd. kWh).

Gib das Ergebnis in Mrd. kWh an.

Ein Kernkraftwerk wird mit Brennelementen beladen.

▪ Aufgabe 16 ▪ ● ●

Als Atemgröße bezeichnet man in der Biologie die Luftmenge, die ein Mensch maximal durch seine Lungen ein- und ausatmen kann. Der Durchschnittswert eines Erwachsenen liegt bei etwa 4 Litern und nimmt bei einem 75jährigen um bis zu 60 % ab.

▪ Aufgabe 17 ▪ ● ●

Ab und zu stellt Herr Rau sein Glück auf die Probe und tippt Samstagslotto. Eine Woche später bekommt er für „drei Richtige" 75 % seines Einsatzes als Gewinn ausgezahlt. Das sind 11,55 DM.

Welchen Betrag hat Herr Rau trotz seines Gewinnes verloren?

▪ Aufgabe 18 ▪ ● ●

Übertrage die Tabelle in dein Übungsheft, und berechne die fehlenden Größen:

Grundwert	98 DM		418 kg	625 m		400 ha
Prozentsatz	2,5 %	30 %		14,2 %	3,8 %	
Prozentwert		126,3 l	62,7 kg		342 g	276 ha

Solltest du eine Aufgabe nicht sofort lösen können, kannst du sie erst einmal beiseite legen und es später noch einmal versuchen.

▪ Aufgabe 19 ▪ ● ●

Australien zählt zur Zeit 17,8 Millionen Einwohner. Davon leben 64 % in den Großstädten Sydney, Canberra, Geelong, Melbourne, Brisbane, Adelaide, Perth, Newcastle, Wollongong und Hobart.

Wie verteilt sich zahlenmäßig die Bevölkerung Australiens (Stadt- und Landbevölkerung)?

▪ Aufgabe 20 ▪

In der Zeit von 1920 bis 1993 wurden in den antarktischen Gewässern rund 2,2 Millionen Wale gefangen. Verteilt auf die einzelnen Walarten gingen die Bestände zum Teil dramatisch zurück. Einige Arten, darunter auch der Blauwal, sind vom Aussterben bedroht.

Wale in den antarktischen Gewässern		
Art	Bestand 1920	Bestand 1993
Zwergwal	850 000	750 000
Finnwal	500 000	20 000
Buckelwal	100 000	12 000
Pottwal	1 250 000	10 000
Blauwal	250 000	1 000

Wale kommen in der Regel alle 10 Minuten zum Luftschöpfen an die Wasseroberfläche.

(Quelle: DER SPIEGEL)

Wieviel Prozent des einstigen Walbestandes lebten pro Art 1993 in den antarktischen Gewässern?

Gib die Prozentsätze auf eine Stelle nach dem Komma genau an.

19 Goldstücke kannst du dir maximal auf dieser Doppelseite verdienen. 12 davon solltest du als Teil der Aufnahmegebühr entrichten.

▪ Aufgabe 21 ▪

Als Weltraummüll bezeichnet man allgemein Trümmerteile von Raumflugobjekten und abgebrannten Raketentriebwerken, die im Weltraum um die Erde kreisen. Ende 1994 waren weltweit 7 860 Trümmerteile von 10 cm Durchmesser oder größer bekannt, darunter 2 247 ausgediente Satelliten.

Gib das Ergebnis auf eine Stelle nach dem Komma genau an.

▪ Aufgabe 22 ▪ 🟠 🟠

Für 1 500 Liter Heizöl mußte Familie Kremer im Sommer 931,50 DM bezahlen. 15 % Mehrwertsteuer sind bereits im Preis enthalten.

Berechne den Nettopreis für einen Liter Heizöl.

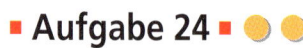

Puh!
Zwei Drittel des Abschlußtests hast du nun geschafft und dir sicher eine Pause verdient!

▪ Aufgabe 23 ▪ 🟠 🟠

Durch die Einführung des *Dualen Systems* („Grüner Punkt") wurden 1993 in Deutschland 370 000 Tonnen Kunststoff wiederverwertet. Bis 1996 soll die Recyclingkapazität voraussichtlich um 97,3 % ansteigen.

▪ Aufgabe 24 ▪ 🟠 🟠

Übertrage die Tabelle in dein Übungsheft, und vervollständige sie.

Prozentsatz	35 %	12,7 %		16 %		7,8 %
Prozentwert		13,97 t	164 DM		48,4 ml	117 Hz
Grundwert	78 cm		410 DM	175 km	242 ml	

▪ Aufgabe 25 ▪ 🟠 🟠

Die bronzene Freiheitsglocke im Rathaus Schöneberg (Berlin) wiegt 10 206 kg.

Bronze besteht zu 70 % aus Kupfer und zu 30 % aus Zinn. Für den Guß einer Kirchenglocke braucht eine Gießerei 840 kg Bronze.

Welche Menge Kupfer und Zinn muß die Gießerei für diesen Auftrag einkaufen?

▪ Aufgabe 26 ▪ ● ● ●

In den Industrieländern verbraucht ein Mensch täglich etwa 180 Liter Wasser. Nur ein geringer Anteil von 5 % wird tatsächlich als Trinkwasser genutzt, der große Rest wird zum Beispiel zum Wäschewaschen, Baden und Duschen sowie in der WC-Spülung verbraucht.

a) Wieviel Liter Trinkwasser verbraucht im Schnitt eine dreiköpfige Familie?

b) Wie groß ist der sogenannte „Brauchwasseranteil"?

Stauseen werden auch zur Wasserversorgung genutzt (Foto: Staumauer des Möhnestausees im Sauerland).

▪ Aufgabe 27 ▪ ● ● ●

1993 wurden in deutschen Krankenhäusern 3 375 Organe verpflanzt. Da die Bereitschaft zur Organspende 1994 in der Bevölkerung zurückgegangen ist, sank die Zahl der Organtransplantationen um 5,6 %.

Wieviel Organe verpflanzte man 1994 im Vergleich zum Vorjahr weniger?

21 Goldstücke kannst du dir auf dieser Doppelseite verdienen. 14 davon fordern die „Meister der Prozent- und Zinsrechnung" von dir ein!

▪ Aufgabe 28 ▪ ● ● ●

Frischfleisch verliert beim Braten ca. 15 % seines Ursprungsgewichts. Wieviel kg Frischfleisch muß ein Hotelier einkaufen, um 130 Steaks zu je 250 g (Gewicht *nach* dem Braten) servieren zu können?

▪ Aufgabe 29 ▪ ●●●

Zum Thema „Rohstoffe und Energie" sehen die Schüler im Erdkunde-unterricht einen Film über die Koksproduktion in Deutschland. Sie er-fahren, daß eine moderne Kokerei täglich aus 4 850 Tonnen Steinkohle 3 395 Tonnen Koks produziert.

Ermittle den Gewichtsverlust in %.

Jetzt wird's knifflig! – Doch nachdem du schon so viele Aufgaben gelöst hast, wirst du auch diese harten Nüsse knacken können!

▪ Aufgabe 30 ▪ ●●●

Im vergangenen Jahr verbrauchte Familie Sommer 5 575 Kilowattstun-den (kWh) Strom. Erfreut stellen sie bei der nächsten Jahresabrechnung fest, daß sich ihr Stromverbrauch um 28 % verringert hat. Der Nettopreis für 1 kWh Strom beträgt derzeit 14,5 Pfennig.

Welchen Betrag muß Familie Sommer bezahlen? Bedenke, daß du auf den Rechnungsbetrag noch 15 % Mehr-wertsteuer aufschlagen mußt.

▪ Aufgabe 31 ▪ ●●●

Von den 30 Schülern aus Axels Klasse möchte jeder dritte einen hand-werklichen Beruf erlernen, jeder fünfte eine weiterführende Schule be-suchen und der Rest eine kaufmännische Ausbildung beginnen.

Bestimme die jeweiligen Prozentsätze. Runde sinnvoll.

▪ Aufgabe 32 ▪ ● ● ●

Ilkas Vater arbeitet im Fundbüro der Stadtverwaltung. Er erklärt ihr, daß jeder „ehrliche Finder" Anspruch auf 5 % Finderlohn vom Wert der Fundsache hat. Für den Mehrwert über 1 000 DM erhält er zusätzlich 3 % Bonus.

Berechne den Finderlohn folgender Gegenstände, und runde sinnvoll:

Fundsache	geschätzter Wert
Perlenkette	2 800 DM
Ohrringe	600 DM
Ledertasche	450 DM
Fahrrad	1 600 DM

▪ Aufgabe 33 ▪ ● ● ●

Die Unfallstatistik der chirurgischen Ambulanz eines Krankenhauses weist im letzten Quartal 5 420 versorgte Sportunfälle, 1 750 Arbeitsunfälle und 1 465 Verkehrsunfälle auf. Vergleicht man diese Werte mit der Unfallstatistik des Vorjahres, so wurden im gleichen Zeitraum 15 % weniger Sportunfälle, dafür aber 26 % mehr Arbeitsunfälle und 20 % mehr Verkehrsunfälle behandelt.

a) Wie sahen die Zahlenwerte der Unfallbilanz im vergangenen Jahr aus?

b) Veranschauliche die Veränderungen der Unfallstatistik in einem Balken- und in einem Säulendiagramm.

**15 Goldstücke kannst du dir auf der letzten Doppelseite des Abschlußtests verdienen.
9 davon fordern die „Meister der Prozent- und Zinsrechnung" als Teil der Aufnahmegebühr von dir ein!**

MONEY! – MONEY! – MONEY!

Zinsrechnung im Alltag

Schon die Überschrift „Money! – Money! – Money!" (engl.: Geld) weist dich darauf hin, daß sich in der Zinsrechnung alles ums Geld dreht.

Sicher fallen dir zum Stichwort *„Geld und Zinsen"* einige Dinge ein, die damit zusammenhängen:

Banken und Sparkassen,

dein persönliches Sparschwein oder dein Sparbuch,

vielleicht auch Reklamezettel von Kaufhäusern und Fachgeschäften, die damit für günstige Finanzierungen bei *Ratenkäufen* werben.

Kennst du noch weitere Beispiele? Überlege doch einmal, wo dir die Zinsrechnung im Alltag begegnet.

Spätestens mit Beginn deiner Berufsausbildung mußt du lernen, mit deinem selbstverdienten Geld über die Runden zu kommen. Dabei kannst du dir eine Menge Ärger ersparen, wenn du weißt, wie man mit *Zinssatz, Zinsen* und *Kapital* umgeht. Um genau diese Fachausdrücke dreht sich im großen und ganzen die Zinsrechnung.

Vom Umgang mit Kapital und Zinsen

Du wirst begreifen, warum nicht jedes verlockende Finanzierungsangebot beim *„Einkauf auf Raten"* so vorteilhaft ist, wie man es dich glauben machen möchte.

Die Kosten für einen *Kredit* hängen nicht nur von den zu zahlenden *Zinsen,* sondern auch von seiner *Laufzeit* und der *Höhe der Monatsraten* ab. Mit Hilfe der Zinsrechnung bist du später in der Lage, Kreditangebote zu prüfen und zu beurteilen.

Kreditangebote richtig einschätzen

Im Gegensatz zur Prozentrechnung spielt in der Zinsrechnung auch die *Zeit* eine wichtige Rolle. Zeitbegriff und Zeitablauf haben jedoch bei Banken und Sparkassen so ihre Eigenheiten, die dir im Kapitel „Der Faktor ‚Zeit' in der Zinsrechnung" (Seite 72/73) nahegebracht werden.

Die besondere Rolle der Zeit

Die Zinsrechnung baut auf der Prozentrechnung auf und unterscheidet sich von dieser durch die Einführung der Zeit. Daher liegt es nahe, die Zinsrechnung im Anschluß an die Prozentrechnung zu erlernen.

Die Zinsrechnung ist eine angewandte Prozentrechnung.

ALTE BEKANNTE UNTER NEUEM NAMEN

Zinssatz, Kapital, Zinsen

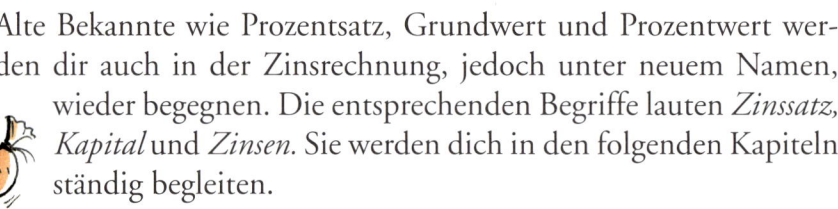

Alte Bekannte wie Prozentsatz, Grundwert und Prozentwert werden dir auch in der Zinsrechnung, jedoch unter neuem Namen, wieder begegnen. Die entsprechenden Begriffe lauten *Zinssatz*, *Kapital* und *Zinsen*. Sie werden dich in den folgenden Kapiteln ständig begleiten.

Bevor wir beginnen, mit Zinsen zu rechnen, müssen wir die drei genannten Begriffe definieren.

Definition: Zinssatz

Der Prozentsatz heißt in der Zinsrechnung Zinssatz.

Entsprechend zur Prozentrechnung definieren wir nun den **Zähler** des Bruches $\frac{p}{100}$ als **Zinssatz p** und den Nenner wieder als **Bezugszahl 100**.

kurz: **Zinssatz:** $\frac{p}{100} = p\,\%$

Definition: Kapital

Den Grundwert nennt man in der Zinsrechnung Kapital.

In der **Zinsrechnung** heißt der Grundwert das **Kapital**, kurz **K**.

Das **Kapital** wird in **DM** (oder in einer anderen Währung) angegeben und entspricht immer **100 %**.

Banken und Sparkassen verzinsen in der Regel nur **volle** DM-Beträge (**Kapitale**).

kurz: **100 %** $\Rightarrow$ **Kapital** oder $\frac{100}{100} = $ **Kapital**

Definition: Zinsen

Unter **Zinsen** verstehen wir allgemein den **Geldbetrag**, den Banken und Sparkassen ihren Kunden für ein bestimmtes **Guthaben gutschreiben** (Sparzinsen) oder für ein **Darlehen** von ihren Kunden **einziehen** (Darlehens- oder Kreditzinsen).

Mathematisch betrachtet sind **Zinsen** das Ergebnis einer rechnerischen **Verknüpfung** zwischen **Zinssatz** und **Kapital**. Berechnen wir einen bestimmten **Zinssatz** von einem gegebenen **Kapital**, so erhalten wir als **Ergebnis** die **Zinsen**, kurz **Z**.

Da der **Zeitfaktor** in unseren Definitionen noch **nicht** berücksichtigt wurde, berechnest du in diesem Fall die Zinsen immer für ein Jahr (Jahreszinsen).

kurz: **p % von einem Kapital = Jahreszinsen**

> Den Prozentwert bezeichnet man in der Zinsrechnung als Zinsen.

Die allgemeine Zinsformel

In der Zinsrechnung stehen der Zinssatz und die Zahl 100 sowie die Zinsen und das Kapital in einem mathematischen Verhältnis zueinander. Aus diesem Verhältnis können wir die allgemeine Zinsformel entwickeln.

In der Zinsrechnung ist die Zuordnung Kapital → Zinsen *proportional*. Daher bilden das Kapital und die Zinsen eine Menge von geordneten Zahlenpaaren, also eine *Relation*. Der Quotient aus Zinsen und Kapital hat immer den gleichen Wert wie der Quotient aus Zinssatz und 100. Daher stehen die Zahlenpaare in einem direkten oder geraden Verhältnis zueinander.

> Weiterführende Zusammenhänge zwischen Zinssatz, Kapital und Zinsen

Definition: allgemeine Zinsformel

$$\frac{\text{Zinssatz}}{100} = \frac{\text{Zinsen}}{\text{Kapital}} \qquad \textit{kurz:} \qquad \frac{\text{P}}{100} = \frac{\text{Z}}{\text{K}} \qquad \textbf{(Jahreszinsen)}$$

> Die allgemeine Zinsformel

71

DIE ZUSÄTZLICHE VARIABLE

························

Der Faktor „Zeit" in der Zinsrechnung

Bereits in der Einleitung auf Seite 69 hast du erfahren, daß die *Zeit* in der Zinsrechnung eine wichtige Rolle spielt und ihre Eigenheiten besitzt. Dieses und einiges mehr wird in diesem Kapitel erläutert und anhand eines Beispiels verdeutlicht.

Die Zeit in der Zinsrechnung

Die allgemeine Definition der Zeit

Als **Zeit** definieren wir allgemein die **Zeitdauer,** für die Banken und Sparkassen ihren Kunden für ihr Kapital **Zinsen zahlen** oder für einen Kredit **Zinsen berechnen.**

Gegenüber dem uns bekannten Kalenderjahr weist die *Zeit* in der Zinsrechnung einige Besonderheiten auf. So gelten bei der Bestimmung der Zeit (**Laufzeit**) bei **Banken** und **Sparkassen** folgende Vereinbarungen:

Für Banken und Sparkassen ist das Jahr „kürzer"!

$$1 \text{ Zinsjahr} = 360 \text{ Tage} = 12 \text{ Monate}$$

$$\Rightarrow \quad 1 \text{ Zinsmonat} = \frac{1}{12} \text{ Jahr} = 30 \text{ Tage}$$

$$\Rightarrow \quad 1 \text{ Zinstag} = \frac{1}{360} \text{ Jahr}$$

Daraus folgt für **t** = Zeit in $\begin{Bmatrix} \text{Jahren} \\ \textbf{Monaten} \\ \textbf{Tagen} \end{Bmatrix}$ der Zeitfaktor $\begin{Bmatrix} t \\ \frac{t}{12} \\ \frac{t}{360} \end{Bmatrix}$

WICHTIG!
In diesem Buch verwenden wir für die Zeit die Abkürzung t!

Bei der Berechnung der **Zinstage** wird der **Einzahlungstag nicht mitgezählt, wohl aber der Tag der Auszahlung** (eines Kapitals bzw. Guthabens).

Die Variable „**Zeit**" wird mathematisch mit **t** oder **i** abgekürzt.

Erweitern wir die allgemeine Zinsformel um die Zeit, so können wir das Kapital sowie die Zinsen und den Zinssatz nicht nur für ein Jahr, sondern für *jeden beliebigen Zeitraum* bestimmen.

Erweiterung der Zinsformel

Alles Weitere dazu erfährst du in den folgenden Kapiteln über die Berechnung der einzelnen Größen (siehe Seite 74 bis 89).

Beispiel für die Berechnung der Zinstage

gegeben: Tag der Einzahlung: 06. 02.   **gesucht:** t (in Tagen)
Tag der Auszahlung: 29. 08.

Ansatz: Um die gesuchten Zinstage zu ermitteln, mußt du darauf achten, daß jeder Monat 30 Tage zählt. Den Einzahlungstag darfst du im Gegensatz zum Auszahlungstag *nicht* mitrechnen.

So wird es gemacht!

Lösung: Einzahlungstag: 06. 02. (wird *nicht* mitgezählt)
Auszahlungstag: 29. 08. (gehört mit zu den Zinstagen)

Daraus folgt für die Zeitdauer:

vom 06. 02. bis 30. 02.: 30 Tage – 6 Tage =   24 Tage
vom 01. 03. bis 30. 07.:   5 · 30 Tage = 150 Tage
vom 01. 08. bis 29. 08.:   1 Tag + 28 Tage =   29 Tage

Tag für Tag und Monat für Monat

insgesamt: 24 Tage + 150 Tage + 29 Tage = <u>203 Tage</u>

Ergebnis: t = 203 Tage oder **t** = $\dfrac{203}{360}$ Jahre

Durch dieses Beispiel hast du bei der Berechnung der Zinstage den richtigen Durchblick!

VON GUTSCHRIFTEN UND BELASTUNGEN

···

Wir berechnen die Zinsen

gegeben: Kapital; Zinssatz; Zeit   **gesucht:** Zinsen

Ansatz: allgemeine Zinsformel; Zeitfaktoren

Um die Zinsen in Abhängigkeit von der Zeit zu berechnen, müssen wir die *allgemeine Zinsformel* jeweils mit unseren Zeitfaktoren t, $\frac{t}{12}$ und $\frac{t}{360}$ erweitern.

$$\frac{p}{100} \cdot t = \frac{Z}{K} \qquad \frac{p}{100} \cdot \frac{t}{12} = \frac{Z}{K} \qquad \frac{p}{100} \cdot \frac{t}{360} = \frac{Z}{K}$$

Anschließend können wir aus diesen Formeln die Formeln zur Berechnung der *Zinsen* entwickeln:

Formeln zur Berechnung der Zinsen

1. für **t** = Zeit in **Jahren** gilt:

$$\frac{\text{Kapital} \cdot \text{Zinssatz} \cdot \text{Zeit}}{100} = \text{Zinsen} \qquad \textit{kurz:} \quad \frac{K \cdot p \cdot t}{100} = Z$$

2. für **t** = Zeit in **Monaten** gilt:

$$\frac{\text{Kapital} \cdot \text{Zinssatz} \cdot \text{Zeit}}{1\,200} = \text{Zinsen} \qquad \textit{kurz:} \quad \frac{K \cdot p \cdot t}{1\,200} = Z$$

3. für **t** = Zeit in **Tagen** gilt:

$$\frac{\text{Kapital} \cdot \text{Zinssatz} \cdot \text{Zeit}}{36\,000} = \text{Zinsen} \qquad \textit{kurz:} \quad \frac{K \cdot p \cdot t}{36\,000} = Z$$

Tag, Monat und Jahr haben verschiedene Zinsformeln!

Lösung: Je nach gegebener Zeit berechnest du schließlich durch Einsetzen der angegebenen Größen schriftlich oder mit dem Taschenrechner die gesuchten Zinsen.

Deine Lösung solltest du anschließend mit einem Lineal zweimal sauber unterstreichen.

Ergebnis: <u>Zinsen</u>

Beispielaufgabe:

Nach einer Erbschaft möchte Herr Müller 20 000 DM gewinnbringend anlegen. Seine Bank bietet ihm einen Sparbrief zu einem Zinssatz von 6,25 % und einer Laufzeit von 5 Jahren an.

Wieviel Zinsen würde die Bank Herrn Müller nach Ablauf dieses Sparvertrages auszahlen?

Musterlösung: Wir berechnen die Zinsen.

gegeben: K = 20 000 DM; p = 6,25 %; t = 5 Jahre   **gesucht:** Z

Ansatz: Zinsformel: $\dfrac{K \cdot p \cdot t}{100} = Z$ für t = Zinszeit in **Jahren**

Lösung: Wir setzen die gegebenen Größen Kapital, Zinssatz und Zeit in die Formel ein. Jetzt können wir die gesuchten Jahreszinsen ausrechnen.

Mit dem Lösungswerkzeug „GAL" und der Zinsformel hast du alles fest im Griff!

$$\frac{20\,000\ \text{DM} \cdot 6{,}25 \cdot 5}{100} = \underline{\underline{6\,250\ \text{DM}}}$$

Nach 5 Jahren bekäme Herr Müller 6 250 DM Zinsen von seiner Bank gutgeschrieben.

Bei Textaufgaben an den Schlußsatz denken!

▪ Aufgabe 1 ▪ ⬤

Berechne die Jahreszinsen.

Darlehens- und Überziehungszinsen werden wie Kapitalzinsen berechnet.

a)   60 DM zu 5 %
   230 DM zu 14 %
   390 DM zu 12 %

b) 730 DM zu 3,5 %
   870 DM zu 11,6 %
   950 DM zu 6,8 %

c) 1 020 DM zu 14,8 %
  2 890 DM zu 5,6 %
  3 780 DM zu 12,5 %

▪ Aufgabe 2 ▪ ⬤

Für den Kauf einer neuen Spülmaschine muß Familie Schneider ihr Girokonto um 600 DM zu einem Zinssatz von 12,25 % kurzfristig überziehen. Nach 24 Tagen ist ihr Konto wieder ausgeglichen.

Wie hoch ist der Betrag, den die Bank als Zinsen vom Gehaltskonto der Familie Schneider abbucht?

▪ Aufgabe 3 ▪ ⬤

Berechne die Zinsen. Achte dabei auf die unterschiedlichen Zeitangaben.

a) 8 000 DM zu 5 % für 2 J.
  6 400 DM zu 6 % für 8 J.
  5 300 DM zu 3 % für 5 J.
  3 800 DM zu 4 % für 3 J.

b) 10 000 DM zu 3,5 % für 24 Mon.
  17 800 DM zu 5,5 % für 18 Mon.
  12 700 DM zu 2,8 % für 48 Mon.
  58 960 DM zu 4,6 % für 30 Mon.

c) 2 800 DM zu 4,5 % für 80 Tg.
  4 600 DM zu 4,8 % für 54 Tg.
  3 800 DM zu 5,6 % für 36 Tg.
  8 900 DM zu 3,6 % für 25 Tg.

d) 148 000 DM zu 7,5 % für 12 J.
  474 000 DM zu 3,4 % für 8 Mon.
  756 000 DM zu 9,6 % für 27 Mon.
  360 000 DM zu 6,8 % für 75 Tg.

▪ Aufgabe 4 ▪ ○ ○

Herr Keller muß 1 800 DM für die Reparatur
seines Autos bezahlen. Da er den fälligen
Rechnungsbetrag erst nach 4 Monaten be-
gleichen kann, berechnet ihm die Werkstatt
8,75 % Verzugszinsen.

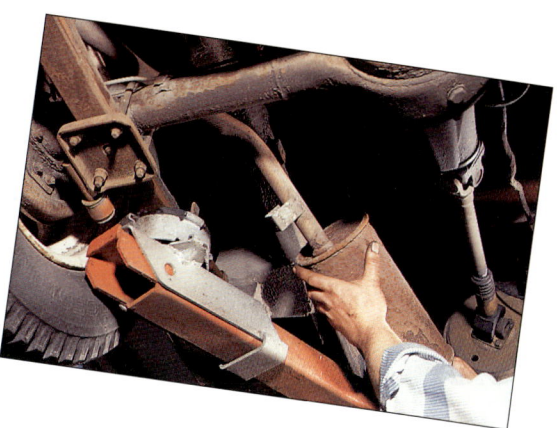

a) Wieviel Zinsen muß Herr Keller an die
   Autowerkstatt bezahlen?

b) Wie hoch ist der zu überweisende
   Rechnungsbetrag?

▪ Aufgabe 5 ▪ ○ ○

Berechne die Zinsen.

a)   12 348 DM zu   5,20 % vom 12. 05. bis 22. 08.
b)   15 600 DM zu 12,25 % vom   8. 10. bis 14. 11.
c)   58 950 DM zu   4,60 % vom 14. 02. bis   6. 04.
d) 216 400 DM zu   6,25 % vom   3. 06. bis 27. 07.
e)   70 000 DM zu 14,50 % vom 16. 11. bis   4. 12.
f) 128 200 DM zu   3,75 % vom   7. 08. bis 13. 09.

**37 Goldstücke
kannst du dir in
dieser Übung
verdienen.
28 davon fordern
die „Meister der
Prozent- und
Zinsrechnung"
von dir ein!**

▪ Aufgabe 6 ▪ ○ ○ ○

Um fällige Lieferantenrechnungen bezahlen zu können, überzieht ein
Schreiner sein Geschäftskonto am 20. 2. um 4 200 DM und am 16. 3. um
weitere 2 800 DM. Dafür berechnet ihm seine Bank 12,25 % Überziehungszinsen. Am 12. 5. ist sein Konto wieder ausgeglichen.

Bestimme die anfallenden Überziehungszinsen. Runde sinnvoll.

Beachte: Mit jeder Kontoüberziehung ändert sich auch der Kontostand und somit die Höhe der anfallenden Zinsen!

DER PROZENTSATZ FÜR DIE ZINSEN

Wir berechnen den Zinssatz

gegeben: Kapital; Zinsen; Zeit   **gesucht:** Zinssatz

Ansatz: allgemeine Zinsformel; Zeitfaktoren

Wie schon zuvor müssen wir die *allgemeine Zinsformel* jeweils mit den Zeitfaktoren t, $\frac{t}{12}$ und $\frac{t}{360}$ erweitern.

$$\frac{p}{100} \cdot t = \frac{Z}{K} \qquad \frac{p}{100} \cdot \frac{t}{12} = \frac{Z}{K} \qquad \frac{p}{100} \cdot \frac{t}{360} = \frac{Z}{K}$$

Im Anschluß daran können wir aus diesen Formeln die Formeln zur Berechnung des *Zinssatzes* in Abhängigkeit von der Zeit entwickeln.

Formeln zur Berechnung des Zinssatzes

Auch hier haben Tag, Monat und Jahr verschiedene Formeln.

1. für t = Zeit in **Jahren** gilt:

$$\frac{\text{Zinsen} \cdot 100}{\text{Kapital} \cdot \text{Zeit}} = \text{Zinssatz} \qquad kurz: \quad \frac{Z \cdot 100}{K \cdot t} = p$$

2. für t = Zeit in **Monaten** gilt:

$$\frac{\text{Zinsen} \cdot 1\,200}{\text{Kapital} \cdot \text{Zeit}} = \text{Zinssatz} \qquad kurz: \quad \frac{Z \cdot 1\,200}{K \cdot t} = p$$

3. für t = Zeit in **Tagen** gilt:

$$\frac{\text{Zinsen} \cdot 36\,000}{\text{Kapital} \cdot \text{Zeit}} = \text{Zinssatz} \qquad kurz: \quad \frac{Z \cdot 36\,000}{K \cdot t} = p$$

Durch kluges Kürzen kannst du dir deine Rechenarbeit enorm vereinfachen.

Lösung: Die gegebenen Zahlenwerte werden je nach gegebener Zeit in die einzelne Formel eingesetzt. Unser Ergebnis, den *Zinssatz,* ermittelst du daraufhin schriftlich oder mit dem Taschenrechner.

Indem du das Ergebnis mit einem Lineal zweimal sauber unterstreichst, schließt du deinen Lösungsweg ab.

Ergebnis: <u>Zinssatz</u>

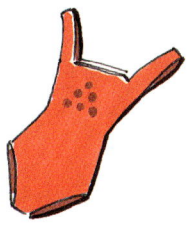

Beispielaufgabe:

Am Anfang des Jahres zahlen Bettinas Eltern 5 000 DM Urlaubsgeld auf ein Sparbuch ein. Nach 8 Monaten hebt Bettinas Mutter das eingezahlte Geld wieder ab und bekommt für diese Zeit von der Bank 100 DM Zinsen gutgeschrieben.

Musterlösung: Wir berechnen den Zinssatz.

Zu welchem Zinssatz wurden die 5 000 DM in der angegebenen Zeit von der Bank verzinst?

gegeben: K = 5 000 DM; Z = 100 DM; t = 8 Monate   **gesucht: p**

„GAL" und die Zinsformel leisten dir auch hier wieder gute Dienste.

Ansatz: Zinsformel: $\dfrac{Z \cdot 1\,200}{K \cdot t} = p$ für **t** = Zinszeit in **Monaten**

Lösung: Das Kapital, die Zinsen und die Zeit setzen wir nun in die Formel ein. So können wir den gesuchten Zinssatz ohne Schwierigkeiten bestimmen.

$$\frac{100\ \text{DM} \cdot 1\,200}{5\,000\ \text{DM} \cdot 8} = \underline{3\,\%}$$

Das Geld wurde von der Bank mit einem Zinssatz von 3 % verzinst.

Denk dran: Textaufgaben enden immer mit einem Schlußsatz.

79

▪ Aufgabe 1 ▪ ●

Berechne den Zinssatz.

	a)	b)	c)	d)	e)	f)
Kapital (DM)	648	234	352	476	896	590
Zinsen (DM)	129,60	117	63,36	90,44	120,96	115,64
Zeit (Jahre)	4	8	6	5	3	7

▪ Aufgabe 2 ▪ ●

Zu seiner bestandenen Gesellenprüfung bekommt Mark von seinen Eltern 1 000 DM geschenkt. Er möchte den Betrag gern in Wertpapieren anlegen. Nach einem Beratungsgespräch in einer Sparkasse entscheidet er sich für den Kauf von Bundesschatzbriefen mit einer Laufzeit von 7 Jahren. Die Rendite (Zinsen) von 411,60 DM wird ihm nach Ablauf der Zinszeit ausgezahlt.

Zu welchem Zinssatz wurden die Wertpapiere verzinst?

Die Bundesbank gibt Bundesschatzbriefe und andere Wertpapiere heraus.

▪ Aufgabe 3 ▪ ●

Ermittle den Zinssatz.

	a)	b)	c)	d)	e)	f)
Kapital (DM)	4 500	6 360	7 950	2 890	8 420	9 540
Zinsen (DM)	281,25	174,90	804,01	364,14	484,15	144,69
Zeit	10 Mon.	6 Mon.	246 Tg.	18 Mon.	184 Tg.	52 Tg.

▪ Aufgabe 4 ▪ ⬤ ⬤

Ein Geschäftsmann legt 28 600 DM in Wertpapieren mit einer Kündigungsfrist von 30 Tagen an. Um ein neues Geschäft abwickeln zu können, möchte er nach 78 Tagen seine Wertpapiere wieder zu Bargeld machen. Nach Ablauf der Kündigungsfrist zahlt ihm die Bank 364,65 DM Zinsen aus.

Wie hoch wurden die Wertpapiere verzinst?

▪ Aufgabe 5 ▪ ⬤ ⬤

Vorsicht bei solchen Kreditangeboten!

a) Lies dir diese Anzeige genau durch, und berechne den Zinssatz.

b) Warum sollte man auf dieses Angebot nicht eingehen?

▪ Aufgabe 6 ▪ ⬤ ⬤ ⬤

Auf ein Geschäftskonto wird ein Geldbetrag eingezahlt und innerhalb desselben Jahres wieder abgehoben. Ermittle den Zinssatz.

	Einzahlungstag	Einzahlung	Auszahlungstag	Auszahlung
a)	6. Juni	2 850 DM	18. August	2 887,05 DM
b)	23. August	1 740 DM	18. Dezember	1 766,68 DM
c)	19. Mai	4 960 DM	13. Juli	4 987,90 DM
d)	5. Januar	5 320 DM	11. August	5 487,58 DM
e)	16. Februar	1 126 DM	1. Oktober	1 171,04 DM
f)	11. März	3 970 DM	26. Mai	4 049,40 DM

23 Goldstücke kannst du dir auf den Seiten 80/81 verdienen.
16 davon fordern die „Meister der Prozent- und Zinsrechnung" von dir ein!

VON GUTHABEN UND DARLEHEN
···
Wir berechnen das Kapital

gegeben: Zinsen; Zinssatz; Zeit   **gesucht:** Kapital

Ansatz: allgemeine Zinsformel; Zeitfaktoren

Zuerst müssen wir auch hier die *allgemeine Zinsformel* jeweils mit den Zeitfaktoren t, $\frac{t}{12}$ und $\frac{t}{360}$ erweitern.

$$\frac{p}{100} \cdot t = \frac{Z}{K} \qquad \frac{p}{100} \cdot \frac{t}{12} = \frac{Z}{K} \qquad \frac{p}{100} \cdot \frac{t}{360} = \frac{Z}{K}$$

Unter Berücksichtigung der Zeit entwickeln wir aus diesen drei Formeln wieder unsere gesuchten Formeln zur Berechnung des *Kapitals*:

Formeln zur Berechnung des Kapitals

Wie du bestimmt schon vermutet hast, finden wir auch hier wieder 3 Zeiten und 3 Rechenformeln vor.

1. für t = Zeit in **Jahren** gilt:

$$\frac{\text{Zinsen} \cdot 100}{\text{Zinssatz} \cdot \text{Zeit}} = \text{Kapital} \qquad kurz: \quad \frac{Z \cdot 100}{p \cdot t} = K$$

2. für t = Zeit in **Monaten** gilt:

$$\frac{\text{Zinsen} \cdot 1\,200}{\text{Zinssatz} \cdot \text{Zeit}} = \text{Kapital} \qquad kurz: \quad \frac{Z \cdot 1\,200}{p \cdot t} = K$$

3. für t = Zeit in **Tagen** gilt:

$$\frac{\text{Zinsen} \cdot 36\,000}{\text{Zinssatz} \cdot \text{Zeit}} = \text{Kapital} \qquad kurz: \quad \frac{Z \cdot 36\,000}{p \cdot t} = K$$

Deine Berechnung kannst du durch geschicktes Kürzen vereinfachen.

Lösung: Die gegebene Zeit entscheidet, in welche Formel du die gegebenen Größen einsetzen mußt. Anschließend bestimmst du schriftlich oder mit dem Taschenrechner das gesuchte Kapital.

Schnell das Ergebnis mit einem Lineal zweimal sauber unterstreichen, und wir sind mit unserer Arbeit fertig.

> **Ergebnis:** <u>Kapital</u>

Beispielaufgabe:

Rechtzeitig zur Fußball-Weltmeisterschaft möchte sich Herr Schmitz ein neues Fernsehgerät kaufen. Da er zur Zeit nicht über das nötige Geld verfügt, überzieht er kurzfristig sein Girokonto für 27 Tage. Für diese Zeit berechnet ihm seine Bank 7,35 DM Überziehungszinsen zu einem Zinssatz von 12,25 %.

Um welchen Betrag hatte Herr Schmitz sein Konto überzogen?

Musterlösung: Wir berechnen das Kapital.

gegeben: Z = 7,35 DM; p = 12,25 %; t = 27 Tage   **gesucht:** K

Ansatz: Zinsformel: $\dfrac{Z \cdot 36\,000}{p \cdot t} = K$ für t = Zinszeit in **Tagen**

Mit dem Lösungswerkzeug „GAL" und der Zinsformel haben wir alles fest im Griff!

Lösung: Das gesuchte Kapital können wir nun durch Einsetzen der gegebenen Werte in die Formel berechnen.

$$\frac{7,35\ \text{DM} \cdot 36\,000}{12,25 \cdot 27} = \underline{800\ \text{DM}}$$

Für den Kauf seines neuen Fernsehgerätes überzog Herr Schmitz sein Girokonto um 800 DM.

Zur Lösung von Textaufgaben gehört immer ein Schlußsatz.

Nationalspieler Jürgen Klinsmann in Aktion!

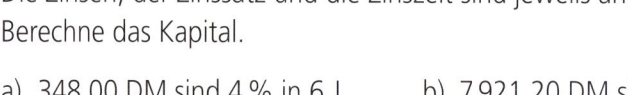

▪ Aufgabe 1 ▪ ●

Nicht
vergessen:
Durch Kürzen
kannst du dir
deine Arbeit
vereinfachen!

Die Zinsen, der Zinssatz und die Zinszeit sind jeweils angegeben.
Berechne das Kapital.

a) 348,00 DM sind 4 % in 6 J.   b) 7 921,20 DM sind 4,6 % in 14 J.
   905,60 DM sind 8 % in 4 J.   9 219,60 DM sind 3,9 % in 12 J.
   187,20 DM sind 2 % in 3 J.   9 725,50 DM sind 5,3 % in 10 J.

c) 440,55 DM sind 5,5 % in 9 J.   d) 1 105,80 DM sind 4,75 % in 2 J.
   130,50 DM sind 3,6 % in 5 J.   3 876,60 DM sind 3,25 % in 8 J.
   197,54 DM sind 8,3 % in 7 J.   5 112,72 DM sind 6,48 % in 3 J.

▪ Aufgabe 2 ▪ ●

Herr Seidel möchte das Dachgeschoß seines Hauses für seine Kinder aus-
bauen lassen. Der Ausbau soll über einen Kredit finanziert werden. Für
das Darlehen fallen bei einer Laufzeit von 38 Monaten 3 686 DM Zinsen
zu einem Zinssatz von 11,64 % an. Der Kredit wird am Ende der Laufzeit
getilgt.

Ermittle die Kreditsumme.

▪ Aufgabe 3 ▪ ●

Bestimme das Kapital.

	a)	b)	c)	d)	e)	f)
Zinsen (DM)	122,40	148,50	19,55	47,25	132,09	280,28
Zeit	8 Mon.	6 Mon.	48 Tg.	9 Mon.	135 Tg.	192 Tg.
Zinssatz	6,8 %	5,5 %	4,25 %	3,5 %	7,4 %	8,25 %

▪ Aufgabe 4 ▪

Herr Frenzen hatte Glück beim Lottospielen und möchte seinen Gewinn
am 30. März bei seiner Bank anlegen. Bei einem Zinssatz von 4,25 %
werden ihm am Jahresende 382,50 DM Zinsen gutgeschrieben.

Über welchen Lottogewinn konnte sich Herr Frenzen freuen?

Für dieses Gefährt brauche ich keinen Führerschein.

▪ Aufgabe 5 ▪

Ingrid möchte im Sommer ihren
Führerschein machen und zahlt
am 3. Januar das nötige Geld auf
ihr Sparbuch ein. Die Verzinsung
beträgt 3,6 %. Am 18. August hebt
sie den eingezahlten Betrag zuzüglich
21,60 DM Zinsen wieder ab.

Wie hoch war der eingezahlte Geldbetrag?

▪ Aufgabe 6 ▪

Welches Kapital bringt in der angegebenen Zeit bei gegebenem Zinssatz
die folgenden Zinsen?

29 Goldstücke
kannst du dir hier
verdienen.
20 davon sind
als Teil der
Aufnahmegebühr
zu entrichten.

	Einzahlungstag	Auszahlungstag	Zinssatz	Zinsen
a)	12. Januar	4. März	6,75 %	70,98 DM
b)	8. März	8. September	3,80 %	117,23 DM
c)	10. Juli	8. Dezember	5,25 %	85,47 DM
d)	17. Mai	1. September	4,50 %	166,27 DM
e)	5. Juni	29. Oktober	7,25 %	764,15 DM
f)	23. August	23. November	2,90 %	258,39 DM

85

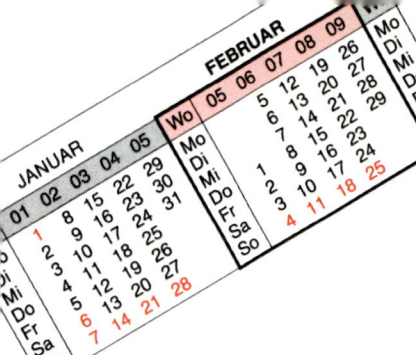

JAHRE – MONATE – TAGE

···

Wir berechnen die Zeit

gegeben: Kapital; Zinssatz; Zinsen **gesucht:** Zeit

Ansatz: allgemeine Zinsformel; Zeitfaktoren

Auch bei der Berechnung der Zeit gilt: Zuerst müssen wir die *allgemeine Zinsformel* jeweils mit den Zeitfaktoren **t**, $\frac{t}{12}$ und $\frac{t}{360}$ erweitern.

$$\frac{P}{100} \cdot t = \frac{Z}{K} \qquad \frac{P}{100} \cdot \frac{t}{12} = \frac{Z}{K} \qquad \frac{P}{100} \cdot \frac{t}{360} = \frac{Z}{K}$$

Erst dann können wir, in Abhängigkeit von der gesuchten Zeit, aus diesen Formeln die Formeln zur Berechnung der *Zeit* herleiten:

Formeln zur Berechnung der Zeit

1. für **t** = Zeit in **Jahren** gilt:

$$\frac{\text{Zinsen} \cdot 100}{\text{Kapital} \cdot \text{Zinssatz}} = \text{Zeit} \qquad kurz: \quad \frac{Z \cdot 100}{K \cdot p} = t$$

2. für **t** = Zeit in **Monaten** gilt:

$$\frac{\text{Zinsen} \cdot 1\,200}{\text{Kapital} \cdot \text{Zinssatz}} = \text{Zeit} \qquad kurz: \quad \frac{Z \cdot 1\,200}{K \cdot p} = t$$

3. für **t** = Zeit in **Tagen** gilt:

$$\frac{\text{Zinsen} \cdot 36\,000}{\text{Kapital} \cdot \text{Zinssatz}} = \text{Zeit} \qquad kurz: \quad \frac{Z \cdot 36\,000}{K \cdot p} = t$$

Was sonst!
Für jede gesuchte Zeit brauchen wir wieder eine eigene Rechenformel.

TIP!
Auch hier gilt: Kürzen nicht vergessen!

Lösung: Schriftlich oder mit dem Taschenrechner rechnen wir die gesuchte Zeit aus. Dies geschieht durch Einsetzen der gegebenen Größen in die richtige Zeitformel.

Jetzt brauchen wir nur noch das Ergebnis mit einem Lineal zweimal sauber zu unterstreichen.

Ergebnis: <u>Zeit</u>

Beispielaufgabe:

Für ihre Altersversorgung haben Herr Steiner und seine Frau bei einer Bank einen langfristigen Sparvertrag abgeschlossen. Für ein Kapital von 30 000 DM bekommen sie bei einem Zinssatz von 5,6 % nach Ablauf ihres Vertrages 50 400 DM Zinsen ausgezahlt.

Musterlösung: Wir berechnen die Zeit.

Nach wie vielen Jahren kann Familie Steiner über ihr Vermögen frei verfügen?

gegeben: K = 30 000 DM; p = 5,6 %; Z = 50 400 DM **gesucht:** t

Mit „GAL" und der Zinsformel knackst du jede Aufgabe!

Ansatz: Zinsformel: $\dfrac{Z \cdot 100}{K \cdot p} = t$ für t = Zinssatz in **Jahren**

Lösung: Wir bestimmen die gesuchte Zeit, indem wir die gegebenen Werte in die Formel einsetzen und anschließend das Ergebnis ausrechnen.

$$\frac{50\,400 \text{ DM} \cdot 100}{30\,000 \text{ DM} \cdot 5{,}6} = \underline{30 \text{ Jahre}}$$

Der Sparvertrag wurde mit einer Laufzeit von 30 Jahren abgeschlossen.

Der Schlußsatz – bei Textaufgaben eine klare Sache!

Übung macht den Meister!

▪ Aufgabe 1 ▪ ●

Berechne die Zeit in Jahren.

	a)	b)	c)	d)	e)	f)
Kapital (DM)	2 530	10 670	9 160	4 280	1 108	6 490
Zinsen (DM)	721,05	810,92	512,96	1 112,80	504,14	4 789,62
Zinssatz	4,75 %	3,8 %	5,6 %	3,25 %	6,5 %	7,38 %

▪ Aufgabe 2 ▪ ●

Herr Winter überlegt: „Wie viele Jahre müßte ich 15 000 DM anlegen, damit sie mir bei einem Zinssatz von 5,5 % 6 600 DM Zinsen einbringen?"

▪ Aufgabe 3 ▪ ●

Ermittle die gesuchte Zinszeit in Monaten.

	a)	b)	c)	d)	e)	f)
Kapital (DM)	732	2 460	5 310	856	1 972	4 390
Zinsen (DM)	15,25	307,50	407,10	12,84	414,12	460,95
Zinssatz	6,25 %	7,5 %	5,75 %	3,6 %	8,4 %	4,5 %

▪ Aufgabe 4 ▪

Bestimme die Zeit in Tagen.

	a)	b)	c)	d)	e)	f)
Kapital (DM)	8 526	14 630	28 470	12 320	10 020	16 540
Zinsen (DM)	28,42	219,45	436,54	45,43	521,04	405,23
Zinssatz	3,75 %	5,4 %	4,6 %	2,95 %	7,8 %	12,25 %

▪ Aufgabe 5 ▪

In der nächsten Zeit möchte sich Julia einen Motorroller kaufen.
Ihr Sparbuch weist ein Guthaben von 3 180 DM bei einer Verzinsung von 6 % auf. Ihr Wunschroller kostet 3 498 DM.

Wann kann sich Julia frühestens den Roller leisten?

▪ Aufgabe 6 ▪

Berechne die Dauer der Verzinsung.

a)   5 900 DM zu 5,44 % bringen   240,72 DM Zinsen
b)   6 780 DM zu 6,75 % bringen   122,04 DM Zinsen
c) 11 390 DM zu 3,80 % bringen   216,41 DM Zinsen
d) 14 600 DM zu 4,25 % bringen 1 241,00 DM Zinsen
e)   3 768 DM zu 7,60 % bringen   835,24 DM Zinsen
f)   9 990 DM zu 8,65 % bringen 6 913,08 DM Zinsen

**30 Goldstücke
kannst du dir hier
verdienen.
20 davon fordern
die „Meister der
Prozent- und
Zinsrechnung"
von dir ein!**

▪ Aufgabe 7 ▪

Am 30. Dezember kassiert ein Geschäftsmann für ein Guthaben von
158 600 DM von seiner Bank 9 753,90 DM Zinsen (Verzinsung 6,75 %).

Wann zahlte der Geschäftsmann die 158 600 DM auf sein Konto ein?

KOMMT ZEIT! – KOMMT GELD!

Die Zinseszinsrechnung

Bisher sind wir bei der Berechnung der Zinsen davon ausgegangen, daß die anfallenden Zinsen am Ende der Laufzeit dem Kapital zugeschlagen werden. Doch in der Praxis sieht die Sache anders aus. Bei vielen Bankgeschäften werden im Laufe der Zinszeit nicht nur das Kapital, sondern auch die *Zinsen mitverzinst.*

Zinsen und Zinseszinsen

Dies geschieht im einzelnen so, daß man die **Jahreszinsen** dem **Anfangskapital** zurechnet und für die **Dauer** der **Zinszeit** im darauf folgenden Jahr **mitverzinst**. Die dabei anfallenden Zinsen bezeichnet man als **Zinseszinsen**.

Definition der Zinseszinsformel

Kommt Zeit ... kommt Geld!

Kennen wir das Anfangskapital K_0, den Zinssatz p und die Anzahl n der Zinsjahre, so können wir das Endkapital K_n nach Ablauf der Zeit zuzüglich der Zinsen und Zinseszinsen berechnen.

gegeben: K_0 = Anfangskapital   **gesucht:** K_n = Endkapital
p = Zinssatz
n = Anzahl der Zinsjahre

Ansatz: Zinseszinsformel

Die Zinseszinsformel

$$K_n = K_0 \cdot \left(1 + \frac{p}{100}\right)^n \qquad \text{für } n = t = \text{Zeit in } \textbf{Jahren}$$

Lösung: Nachdem wir die gegebenen Größen in die Zinseszinsformel eingesetzt haben, bestimmen wir mit dem Taschenrechner das Endkapital. Achte darauf, daß du die einzelnen Werte in der *richtigen Reihenfolge* in deinen Taschenrechner eingibst.

$($ p $\div$ 100 $+$ 1 $)$ x^y n x K_0 $=$

Das auf diesem Weg erhaltene Endergebnis unterstreichen wir wieder zweimal sauber mit einem Lineal.

Ergebnis: Endkapital

Beispielaufgabe:

Bei der Geburt seiner Tochter Linda zahlt Herr Jansen 5 000 DM auf ein Sparbuch mit 4,8 % Verzinsung ein. An ihrem 18. Geburtstag soll Linda das Geld von der Bank ausgezahlt bekommen.

Über welches Guthaben wird Linda an ihrem 18. Geburtstag verfügen können?

gegeben: K_0 = 5 000 DM; p = 4,8 %; t = 18 Jahre   **gesucht:** K_{18}

Ansatz: $K_n = K_0 \cdot \left(1 + \dfrac{p}{100}\right)^n$ für n = t = Zeit in **Jahren**

Lösung: Nun geben wir die in die Zinseszinsformel eingesetzten Zahlen in der oben angegebenen Reihenfolge in den Taschenrechner ein. Das Ergebnis ist unser gesuchtes Endkapital.

$$5\,000 \text{ DM} \cdot \left(1 + \frac{4,8}{100}\right)^{18} = 11\,627{,}145 \text{ DM}$$

gerundet: 11 657,15 DM

An ihrem 18. Geburtstag erhält Linda 11 627,15 DM.

▪ Aufgabe 1 ▪

Denk dran:
Gib die
einzelnen Werte
in der richtigen
Reihenfolge
in deinen
Taschen-
rechner
ein!

Berechne das Endkapital. Runde so, daß sinnvolle Beträge entstehen.

a) 400 DM zu 3 % in 8 J.
   800 DM zu 5 % in 3 J.
   600 DM zu 4 % in 7 J.

b) 10 000 DM zu 5,8 % in 12 J.
   30 000 DM zu 6,5 % in 20 J.
   20 000 DM zu 4,9 % in 16 J.

c) 2 690 DM zu 3,8 % in 7 J.
   5 318 DM zu 5,4 % in 5 J.
   7 658 DM zu 2,9 % in 9 J.

d) 150 000 DM zu 5,75 % in 6 J.
   240 000 DM zu 4,98 % in 8 J.
   450 000 DM zu 6,25 % in 2 J.

▪ Aufgabe 2 ▪

Ein Kapital von 50 000 DM wird zu einem Zinssatz von 5,75 % für 4 Jahre
fest angelegt. Die anfallenden Jahreszinsen werden mitverzinst.

▪ Aufgabe 3 ▪

Marion kann sich freuen! Vor 18 Jahren schlossen ihre Eltern für sie einen
Sparvertrag mit einem Anfangskapital von 5 000 DM zu einem Zinssatz
von 6,4 % ab.

▪ Aufgabe 4 ▪

Bestimme das Endkapital. Vergiß nicht zu runden.

	a)	b)	c)	d)	e)	f)
K_0 (DM)	580	12 600	213 700	48 900	762	178 400
Zinssatz	2,9 %	3,25 %	4,6 %	5,5 %	3 %	6,8 %
Zeit (Jahre)	2	5	10	3	6	4

▪ **Aufgabe 5** ▪ ● ●

Auf ein Sparbuch werden nacheinander 500 DM, 350 DM und 820 DM zu 4,25 % eingezahlt und anschließend zusammen für 6 Jahre fest angelegt.

a) Über welche Summe kann der Sparbuchinhaber nach Ablauf der Zinszeit verfügen?

b) Wie hoch ist der dabei erzielte Gewinn?

▪ **Aufgabe 6** ▪ ● ● ●

MacCool hat ein Problem! Wie lange müßte er ein Kapital von 10 000 DM mit einer Verzinsung von 10 % anlegen, damit es sich mit Zinsen und Zinseszinsen mehr als verdoppelt?

Hinweis:
Probieren geht über Studieren!
Setze die gegebenen Werte nacheinander in die Zinseszinsformel ein, und berechne jeweils das Endkapital für das zweite, dritte, vierte usw. Verzinsungsjahr.

Auf dieser Doppelseite kannst du dir 28 Goldstücke verdienen. 20 davon fordern die „Meister der Prozent- und Zinsrechnung" von dir ein!

▪ **Aufgabe 7** ▪ ● ● ●

Zur selben Zeit legen zwei Unternehmer 25 000 DM für 4 Jahre zu 7,75 % bei ihrer Bank an. Jeweils zum Jahresende läßt sich der erste Unternehmer seine Zinsen auszahlen, der zweite hingegen seine Zinsen wieder mitverzinsen.

Vergleiche! – Wieviel Zinsen fallen nach 4 Jahren bei jedem Unternehmer an?

KURZ UND BÜNDIG

Die Zinsrechnung auf einen Blick

Gesucht und schon gefunden! Beispielaufgaben zu den einzelnen Formeln findest du in den gleichnamigen Kapiteln.

Wir berechnen die Zinsen

gegeben: Kapital; Zinssatz; Zeit   **gesucht:** Zinsen

kurz: K   p   t   Z

Ansatz: Zinsformeln zur Berechnung der Zinsen

Lösung:

$$\frac{K \cdot p \cdot t}{100} = Z \qquad \text{für } t = \text{Zeit in } \mathbf{Jahren}$$

$$\frac{K \cdot p \cdot t}{1\,200} = Z \qquad \text{für } t = \text{Zeit in } \mathbf{Monaten}$$

$$\frac{K \cdot p \cdot t}{36\,000} = Z \qquad \text{für } t = \text{Zeit in } \mathbf{Tagen}$$

Ergebnis: <u>Zinsen</u>

Wir berechnen den Zinssatz

gegeben: Kapital; Zinsen; Zeit   **gesucht:** Zinssatz

kurz: K   Z   t   p

Ansatz: Zinsformeln zur Berechnung des Zinssatzes

Lösung:

$$\frac{Z \cdot 100}{K \cdot t} = p \qquad \text{für } t = \text{Zeit in } \mathbf{Jahren}$$

$$\frac{Z \cdot 1\,200}{K \cdot t} = p \qquad \text{für } t = \text{Zeit in } \mathbf{Monaten}$$

$$\frac{Z \cdot 36\,000}{K \cdot t} = p \qquad \text{für } t = \text{Zeit in } \mathbf{Tagen}$$

Ergebnis: <u>Zinssatz</u>

Wir berechnen das Kapital

gegeben: Zinsen; Zinssatz; Zeit   **gesucht:** Kapital
kurz: Z   p   t   K

Ansatz: Zinsformeln zur Berechnung des Kapitals

Lösung: für t in **Jahren:** für t in **Monaten:** für t in **Tagen:**

$$\frac{Z \cdot 100}{p \cdot t} = K \qquad \frac{Z \cdot 1200}{p \cdot t} = K \qquad \frac{Z \cdot 36\,000}{p \cdot t} = K$$

Ergebnis: <u>Kapital</u>

Formeln
über Formeln …
Vor dem
Abschlußtest
brauch' ich erst
mal 'ne Pause!

Wir berechnen die Zeit

gegeben: Kapital; Zinssatz; Zinsen   **gesucht:** Zeit
kurz: K   p   Z   t

Ansatz: Zinsformeln zur Berechnung der Zeit

Lösung: für t in **Jahren:** für t in **Monaten:** für t in **Tagen:**

$$\frac{Z \cdot 100}{K \cdot p} = t \qquad \frac{Z \cdot 1200}{K \cdot p} = t \qquad \frac{Z \cdot 36\,000}{K \cdot p} = t$$

Ergebnis: <u>Zeit</u>

Die Zinseszinsrechnung (Berechnung des Endkapitals)

gegeben: Anfangskapital; Zinssatz; Zeit   **gesucht:** Endkapital
kurz: K_0 p   t K_n

Ansatz: Zinseszinsformel

Lösung: $K_n = K_0 \cdot \left(1 + \frac{p}{100}\right)^n$ für n = t = Zeit in **Jahren**

Ergebnis: <u>Endkapital (Kapital + Zinseszins)</u>

AUF LOS GEHT'S LOS!

Abschlußtest Zinsrechnung

Es ist wieder soweit! Mit deinem Wissen kannst du dir auf den nächsten Seiten jede Menge Goldstücke verdienen!

▪ Aufgabe 1 ▪ ●

Auf ihrem Sparbuch hat Kathrin 1 650 DM zu 3,5 % angelegt. Nach 8 Monaten löst sie das Sparbuch auf.

Wieviel Zinsen erhält Kathrin für diese Zeit von der Bank?

▪ Aufgabe 2 ▪ ●

Um die Modernisierung seiner Altbauwohnung finanzieren zu können, nimmt Herr Pfeiffer einen Kredit in Höhe von 20 000 DM bei seiner Bank auf. Bei einer Laufzeit von 5 Jahren bezahlt er dafür 11 530 DM Zinsen. Am Ende der Laufzeit wird der Kredit in einer Summe getilgt.

Zu welchem Zinssatz wurde der Kreditvertrag abgeschlossen?

▪ Aufgabe 3 ▪ ●

Für die Anschaffung einer neuen Drehbank nimmt ein Schlossereibetrieb kurzfristig einen Kredit über 80 000 DM zu 10,95 % auf. Die dafür anfallenden Zinsen belaufen sich auf insgesamt 13 140 DM.

Mit welcher Laufzeit wurde der Kredit abgeschlossen?

▪ Aufgabe 4 ▪ ●

Wieviel Zinsen bringt ein Kapital von 14 800 DM bei einem Zinssatz von 5,75 % und einer Laufzeit von 6 Jahren (ohne Zinseszins)?

▪ Aufgabe 5 ▪ ●

Hellen träumt: „Reich müßte man sein, um nicht arbeiten zu brauchen! – Mit 42 000 DM Zinsen im Jahr ließe es sich schon prima leben!"

Wieviel Geld müßte Hellen bei einem Zinssatz von 10 % anlegen, damit sich ihr Traum vom „Nichtstun" erfüllt?

▪ Aufgabe 6 ▪ ●

Ermittle die gesuchte Zeit in Monaten.

	a)	b)	c)	d)	e)	f)
Kapital (DM)	3 978	8 436	2 354	6 624	9 845	4 568
Zinsen (DM)	185,64	1 181,04	153,01	187,68	1 220,78	279,79
Zinssatz	5,6 %	4,8 %	3,9 %	4,25 %	6,2 %	12,25 %

▪ Aufgabe 7 ▪ ●

Für einen Kredit von 7 000 DM berechnet eine Sparkasse ihren Kunden 12,2 % Zinsen bei einer Laufzeit von 60 Monaten. Wir nehmen an, daß der Kredit am Ende der Laufzeit in einem Betrag getilgt wird.

18 Goldstücke kannst du dir auf dieser Doppelseite verdienen. 10 davon fordern die „Meister der Prozent- und Zinsrechnung" von dir ein!

▪ Aufgabe 8 ▪ ●

Bestimme das Kapital.

	a)	b)	c)	d)	e)	f)
Zinsen (DM)	933,66	329,53	101,46	932,21	302,40	131,12
Zeit	3 J.	10 Mon.	76 Tg.	60 Mon.	5 J.	198 Tg.
Zinssatz	3,8 %	6,2 %	4,5 %	7,3 %	8 %	5,96 %

▪ Aufgabe 9 ▪ 🟠

Nach der Kündigung ihres Sparvertrages bekommt Angelika für ein Guthaben von 3 000 DM bei einer Verzinsung von 5,75 % 86,25 DM ausgezahlt.

▪ Aufgabe 10 ▪ 🟠

Ermittle den Zinssatz.

	a)	b)	c)	d)	e)	f)
Kapital (DM)	3 428	12 436	5 186	23 742	2 385	5 974
Zinsen (DM)	111,41	3 855,16	492,67	989,25	51,94	716,88
Zeit	250 Tg.	4 J.	30 Mon.	8 Mon.	64 Tg.	2 J.

Du erinnerst dich: Jede Zinszeit besitzt ihre eigene Formel!

▪ Aufgabe 11 ▪ 🟠

Herr Weller kann die Rechnung für seine neue Zentralheizungsanlage nicht pünktlich bezahlen. Somit berechnet ihm die Heizungsbaufirma für 2 Monate Zahlungsverzug 124,60 DM Verzugszinsen zu einem Zinssatz von 8,9 %.

Wie hoch ist der fällige Rechnungsbetrag?

▪ Aufgabe 12 ▪ 🟠

Juttas Großvater legte vor 20 Jahren ein Kapital von 25 000 DM zu 5,31 % bei seiner Bank an. Während der gesamten Zeit wurden die Zinsen und Zinseszinsen mitverzinst.

Berechne mit Hilfe der Zinseszinsformel, über welches Vermögen Juttas Großvater heute verfügen kann.

▪ Aufgabe 13 ▪ 🟡

Berechne die Zinsen.

a) 1 290 DM zu 4 % in 3 J.   b) 48 200 DM zu 4,2 % in 14 Mon.
   3 630 DM zu 8 % in 5 J.   14 300 DM zu 3,8 % in 21 Mon.
   5 170 DM zu 5 % in 9 J.   26 800 DM zu 5,6 % in 9 Mon.

c) 2 250 DM zu 3,3 % in 72 Tg.   d) 137 200 DM zu 5,2 % in 6 J.
   1 800 DM zu 7,4 % in 26 Tg.   325 800 DM zu 7,9 % in 18 Mon.
   5 290 DM zu 9,6 % in 90 Tg.   621 400 DM zu 6,8 % in 63 Tg.

▪ Aufgabe 14 ▪ 🟡

Zum Monatsende überzieht Frau Thelen ihr Gehaltskonto um 700 DM.
Daraufhin berechnet ihr die Bank 5,11 DM Überziehungszinsen. 18 Tage
später wird ihr Gehalt auf das Konto überwiesen.

Zu welchem Zinssatz hat Frau Thelen ihr Girokonto überzogen?

▪ Aufgabe 15 ▪ 🟡

Ulli fragt seinen Freund Jürgen, ob er ihm für 3 Tage 2 DM leihen kann.
„Ja! – Wenn du mir dafür 3 DM zurückgibst," antwortet ihm Jürgen
augenzwinkernd.

Warum hat Jürgen sein „Kreditangebot" nicht ernst gemeint?

**29 Goldstücke
kannst du dir hier
verdienen.
20 davon solltest
du als Teil der
Aufnahmegebühr
bereithalten.**

▪ Aufgabe 16 ▪ 🟡

Bestimme die gesuchte Zeit in Tagen.

	a)	b)	c)	d)	e)	f)
Kapital (DM)	4 928	17 654	9 234	28 390	87 462	9 000
Zinsen (DM)	120,12	176,54	35,91	141,95	1 311,93	224,70
Zinssatz	3,9 %	7,5 %	2,8 %	5 %	6,75 %	8,56 %

▪ Aufgabe 17 ▪ 🟠🟠

Zur Erinnerung! Bei der Berechnung der Zinstage wird der Einzahlungstag nicht mitgezählt, wohl aber der Auszahlungstag!

Berechne die Zinsen.

a) 53 910 DM zu 3,75 % vom 3. 07. bis 7. 09.
b) 387 900 DM zu 4,80 % vom 14. 09. bis 9. 11.
c) 433 600 DM zu 12,25 % vom 22. 10. bis 10. 11.
d) 38 730 DM zu 5,44 % vom 30. 03. bis 15. 06.
e) 19 620 DM zu 13,80 % vom 10. 04. bis 30. 08.
f) 130 800 DM zu 7,50 % vom 19. 06. bis 9. 07.

▪ Aufgabe 18 ▪ 🟠🟠

Familie Rolfes beabsichtigt, das Dach ihres Einfamilienhauses neu decken zu lassen. Die Kosten für dieses Vorhaben belaufen sich auf ungefähr 12 000 DM. Da Herr Rolfes neben 8 000 DM Eigenkapital einen Kredit von 4 000 DM aufnehmen möchte, hat er sich von zwei Banken ein Angebot machen lassen:

Bank A: 4 000 DM zu 9,58 % bei einer Laufzeit von 48 Monaten
Bank B: 4 000 DM zu 12,2 % bei einer Laufzeit von 36 Monaten

Für welches Angebot sollte sich Familie Rolfes entscheiden?

▪ Aufgabe 19 ▪ 🟠🟠

Übertrage die Tabelle in dein Übungsheft, und vervollständige sie.

Kapital (DM)	1 790			5 260	2 050	840
Zinssatz		5,25 %	12,4 %		7,8 %	
Jahreszinsen	51,91		1 860			122,64
Zeit		24 Tg.		18 Mon.	72 Tg.	20 Mon.
Zinsen (DM)	311,46	111,65	1 240	276,15		

▪ Aufgabe 20 ▪ ● ●

Christophs Sparbuch weist am 6. März ein Guthaben von 1 200 DM auf. Zum Jahresende (30. Dezember) möchte er sich einen neuen Videorecorder für 1 400 DM kaufen.

Reicht Christophs Geld am Ende des Jahres aus, um das Gerät zu kaufen, wenn sein Guthaben mit 5,5 % verzinst wird?

▪ Aufgabe 21 ▪ ● ●

Übertrage die Tabelle in dein Übungsheft, und berechne die fehlenden Größen.

Kapital (DM)	5 380	2 750		6 790	8 850	
Zinssatz	3,5 %		4,75 %	7,2 %	8,4 %	6,8 %
Jahreszinsen		159,50				
Zeit	18 Mon.	72 Tg.	4 J.			45 Tg.
Zinsen (DM)			1 938	1 425,90	148,68	108,80

37 Goldstücke kannst du dir durch richtiges Lösen der Aufgaben 17–22 verdienen. 28 davon fordern die „Meister der Prozent- und Zinsrechnung" von dir ein!

▪ Aufgabe 22 ▪ ● ●

Ein Sparbrief im Wert von 500 DM wird bei längeren Laufzeiten von der Bank mit höheren Zinssätzen verzinst. Dem Kunden werden dabei die anfallenden Jahreszinsen am Ende des Jahres ausgezahlt.

Laufzeit	2 Jahre	4 Jahre	6 Jahre
Gesamtzinsen	77,50 DM	170 DM	270 DM

Berechne die Zinssätze für die angegebenen Laufzeiten.

▪ Aufgabe 23 ▪ 🟡🟡

TIP!
Berechne das
Endkapital mit
der Zinseszins-
formel.

Beim Entrümpeln des Dachbodens entdeckt Sophie das alte Sparbuch ihres Urgroßvaters. Neugierig beginnt sie darin zu blättern und stellt fest, daß es noch einen Restbetrag von 25 *(alten!) Mark* aufweist und 1892 zu 4 % verzinst wurde. Sie überlegt:

„Wenn wir heute 1996 haben und Urgroß-vaters Sparbuch noch gültig wäre, … was für ein 'Vermögen' würde ich jetzt wohl in meinen Händen halten?"

Ein Tausend-markschein aus der Kaiserzeit (Ausgabejahr 1910)

▪ Aufgabe 24 ▪ 🟡🟡

Ermittle die Verzinsungszeit.

a) 4 510 DM zu 6,80 % bringen   76,67 DM Zinsen
b) 34 650 DM zu 5,35 % bringen 7 415,10 DM Zinsen
c) 7 328 DM zu 3,90 % bringen   357,24 DM Zinsen
d) 53 278 DM zu 7,50 % bringen   532,78 DM Zinsen
e) 8 924 DM zu 8,25 % bringen   245,41 DM Zinsen
f) 34 169 DM zu 4,60 % bringen 7 858,87 DM Zinsen

▪ Aufgabe 25 ▪ 🟡🟡

Ein Bauunternehmer hat einen Kredit über 60 000 DM zu 11,25 % mit einer Laufzeit von 36 Monaten aufgenommen. Durch den Erhalt eines Großauftrages kann er das Darlehen schon nach 9 Monaten zurückzahlen.

Welchen Betrag muß der Unternehmer einschließlich der angefallenen Zinsen an die Bank erstatten?

▪ Aufgabe 26 ▪ 🟡 🟡 🟡

Am 23. 6. überzieht ein Geschäftsmann sein Konto um 9 000 DM. Am 25. 7., nach Eingang einer Zahlung über 14 600 DM, ist wieder ein Guthaben auf dem Konto. Die anfallenden Überziehungszinsen werden von der Bank mit 12,25 % berechnet.

Bestimme den *neuen Kontostand* unter Berücksichtigung der Überziehungszinsen.

▪ Aufgabe 27 ▪ 🟡 🟡 🟡

Auf ein Geschäftskonto wird ein Geldbetrag eingezahlt und innerhalb desselben Jahres wieder abgehoben. Ermittle den Zinssatz.

	Einzahlungstag	Einzahlung	Auszahlungstag	Auszahlung
a)	17. Juni	1 490 DM	27. August	1 500,43 DM
b)	8. April	5 260 DM	18. Mai	5 291,56 DM
c)	25. Oktober	8 130 DM	29. Dezember	8 249,24 DM
d)	19. Januar	700 DM	1. April	704,13 DM
e)	3. März	3 980 DM	7. September	4 071,54 DM
f)	21. Juli	4 650 DM	11. Oktober	4 719,75 DM

22 Goldstücke kannst du dir auf dieser Doppelseite verdienen. 16 davon sind als Teil der Aufnahmegebühr zu entrichten.

▪ Aufgabe 28 ▪ 🟡 🟡 🟡

Ein Handelsvertreter zahlt jeden Monat seine Provision auf ein Festgeldkonto ein und hebt die Zinsen am Ende des Jahres ab. Sein Guthaben wird zu 5,6 % verzinst. Im letzten Jahr betrug der erzielte Zinsgewinn 1 075,20 DM.

a) Auf welches Guthaben konnte der Vertreter zurückgreifen?

b) Wie hoch war durchschnittlich die eingezahlte Provisionssumme?

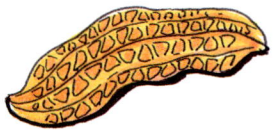

▪ Aufgabe 29 ▪ ●●●

Knifflig!
Knifflig! – Unter
den letzten
Aufgaben sind
einige harte
Nüsse! Doch ein
alter Hase wie
du wird sie
knacken.

Nach einem Schuldschein ist ein Unternehmer verpflichtet, am 15. Juni die ihm geliehenen 3 000 DM zuzüglich 280 DM Zinsen an seinen Gläubiger zurückzuzahlen. Der Schuldner kann diesen Betrag am Stichtag nicht aufbringen. Er verpflichtet sich daraufhin, die gesamte Schuld am 15. November mit 3 444 DM zurückzuzahlen.

▪ Aufgabe 30 ▪ ●●●

Welches Kapital bringt in der angegebenen Zeit bei gegebenem Zinssatz die folgenden Zinsen?

	Einzahlungstag	Auszahlungstag	Zinssatz	Zinsen
a)	21. Mai	21. September	3,75 %	112,50 DM
b)	19. März	9. Juni	7,50 %	71,30 DM
c)	7. April	25. Oktober	5,65 %	310,75 DM
d)	6. Februar	15. August	6,80 %	221,34 DM
e)	10. September	22. November	4,90 %	126,91 DM
f)	2. Juni	11. Juli	12,25 %	968,24 DM

▪ Aufgabe 31 ▪ ●●●

In den Sommerferien möchte Ilona segeln lernen. Zum 15. Juli löst sie daher ihr Sparbuch auf und bekommt mit Zinsen insgesamt 701,50 DM ausgezahlt. Ihr eingezahltes Kapital von 690 DM wurde dabei mit 4,8 % verzinst.

An welchem Tag zahlte Ilona den Betrag auf ihr Sparbuch ein?

104

▪ Aufgabe 32 ▪ ● ● ●

Welche Summe muß insgesamt für die aufgeführten Kredite bezahlt werden?

	Kreditbetrag	Laufzeit	Zinsen	Gebühr	Provision
a)	2 000 DM	10 Monate	10,5 %	1,5 %	keine
b)	5 000 DM	14 Monate	10,8 %	2 %	keine
c)	18 000 DM	24 Monate	12,4 %	3,5 %	720 DM
d)	4 000 DM	8 Monate	9,6 %	1,5 %	keine
e)	20 000 DM	48 Monate	11,9 %	2 %	1 000 DM
f)	30 000 DM	60 Monate	12,2 %	4 %	1 800 DM

Hinweis: Die Gebühr bezieht sich immer auf die Höhe der Kreditsumme.

▪ Aufgabe 33 ▪ ● ● ●

Mit welchem Zinssatz wurde ein Darlehen von 10 000 DM verzinst, wenn es am 1. April von der Bank ausgezahlt und am 1. Juli des darauffolgenden Jahres einschließlich 1 470 DM Zinsen getilgt wurde?

Zum Schluß kannst du dir noch 24 Gold-stücke verdienen. 15 davon fordern die „Meister der Prozent- und Zinsrechnung" von dir ein!

▪ Aufgabe 34 ▪ ● ● ●

Das Kapital einer Stiftung zur Förderung behinderter Kinder ist zu 6,5 % fest angelegt. Bei der Jahreshauptversammlung berichtet der Vorstand, daß mit Hilfe der Vorjahreszinsen 5 Behindertenprojekte zu je 4 000 DM und 10 besonders betroffene Familien mit je 1 000 DM bezuschußt wurden. Der Restbetrag von 2 500 DM wurde dem Behindertenkindergarten zugeführt.

Wie groß ist das Stiftungskapital?

DAS ETWAS ANDERE ZEICHEN ‰

·····································

Promillesatz, Grundwert, Promillewert

Immer wenn es um die Bestimmung **kleiner Anteile** geht, findet die **Promillerechnung** ihre Anwendung. Dies geschieht vor allem bei der Analyse von Proben in der Chemie und Medizin. In der Wirtschaft berechnet man mit der Promillerechnung Provisionen und Versicherungsprämien.

Wie die Prozent- und Zinsrechnung besitzt auch die Promillerechnung ihre eigenen *Fachausdrücke*, die du kennen mußt.

Definition: Promillesatz, Grundwert, Promillewert

Die allgemeine Bedeutung des „etwas anderen" Zeichens

Allgemein bezieht sich die **Promillerechnung** auf die **Anzahl** der **tausendsten** Teile einer gegebenen oder zu bestimmenden **Größe**.

Daher beschreibt der **Bruch** $\frac{1}{1000}$ in der **Promillerechnung** 1 ‰.

Somit können wir die Begriffe **Promillesatz, Grundwert** und **Promillewert** der Prozentrechnung entsprechend definieren:

Definition des Promillesatzes

In der Promillerechnung bezeichnen wir den **Zähler** des Bruches

$\frac{p}{1000}$ als **Promillesatz p** und den Nenner als **Bezugszahl 1000**.

Definition des Grundwertes

1 ‰ benennt uns immer den **tausendsten** Anteil einer gegebenen Größe. Diese Größe bezeichnen wir als **Grundwert**, kurz **G**. Dem **Grundwert** entsprechen **hier** immer **1000 ‰**.

Definition des Promillewertes

Berechnen wir einen bestimmten **Promillesatz** von einem gegebenen **Grundwert**, so erhalten wir als **Ergebnis** den **Promillewert**, kurz **W**.

Alle Formeln auf einen Blick

Wir berechnen den Promillesatz

gegeben: Grundwert; Promillewert   **gesucht:** Promillesatz
kurz: G   W   p
Ansatz: Promilleformel

Lösung: $\dfrac{\text{Promillewert} \cdot 1\,000}{\text{Grundwert}} = \text{Promillesatz}$

kurz: $\dfrac{W \cdot 1\,000}{G} = p$

        Ergebnis: <u>Promillesatz</u>

Formel zur Berechnung des Promillesatzes

Wir berechnen den Grundwert

gegeben: Promillesatz; Promillewert **gesucht:** Grundwert
kurz: p   W   G
Ansatz: Promilleformel

Lösung: $\dfrac{\text{Promillewert} \cdot 1\,000}{\text{Promillesatz}} = \text{Grundwert}$

kurz: $\dfrac{W \cdot 1\,000}{p} = G$

        Ergebnis: <u>Grundwert</u>

Formel zur Berechnung des Grundwertes

Wir berechnen den Promillewert

gegeben: Promillesatz; Grundwert   **gesucht:** Promillewert
kurz: p   G   W
Ansatz: Promilleformel

Lösung: $\dfrac{\text{Promillesatz} \cdot \text{Grundwert}}{1\,000} = \text{Promillewert}$

kurz: $\dfrac{p \cdot G}{1\,000} = W$

        Ergebnis: <u>Promillewert</u>

Formel zur Berechnung des Promillewertes

▪ Aufgabe 1 ▪ 🟠

Berechne den Promillewert.

Auf die Nullen kommt es an! Achte darauf, daß du tatsächlich die Zahlenwerte durch 1000 dividierst oder mit 1000 multiplizierst!

a) 4‰ von 130 ml
    6‰ von 50 ml
    5‰ von 125 ml

b) 0,9‰ von 200 mg
    8,2‰ von 750 mg
    2,5‰ von 540 mg

c) 9‰ von 463 000 DM
    3‰ von 196 300 DM
    7‰ von 254 600 DM

▪ Aufgabe 2 ▪ 🟠

Bei Abschluß einer Versicherung gibt man die jährlich zu zahlende Prämie oder Gebühr in Tausendsteln *(Promille ‰)* der abgeschlossenen Versicherungssumme an. Ein Bauer möchte seine Getreideernte gegen Hagelschlag versichern. Eine Versicherungsgesellschaft bietet ihm bei einer Versicherungssumme von 25 000 DM einen Prämiensatz von 8,6‰ an.

Welchen Betrag müßte unser Bauer bei Vertragsabschluß an die Gesellschaft überweisen?

▪ Aufgabe 3 ▪ 🟠

Familie Meyer hat für ihr neues Eigenheim eine Feuerversicherung über 250 000 DM abgeschlossen. Für diese Versicherungssumme muß Herr Meyer eine jährliche Prämie von 3,6‰ zahlen.

▪ Aufgabe 4 ▪ ●

Berechne den Promillesatz.

a) 2,88 mg von 320 mg
   0,48 mg von 160 mg
   0,27 mg von 150 mg

b) 2 378 DM von 290 000 DM
   240 DM von 160 000 DM
   1 292 DM von 340 000 DM

c) 1,95 ml von 500 ml
   1,53 ml von 340 ml
   0,93 ml von 150 ml

d) 12 960 DM von 1 350 000 DM
   7 935 DM von 2 645 000 DM
   4 840 DM von   968 000 DM

▪ Aufgabe 5 ▪ ●

Herr Schmitz arbeitet in einem großen Autohaus. Für jedes verkaufte
Auto erhält er von seinem Arbeitgeber eine Provision. Im letzten Monat
schloß Herr Schmitz Kaufverträge in Höhe von 478 000 DM ab und
bekam dafür eine Provision von 1 720,80 DM auf sein Gehaltskonto überwiesen.

Mit welchem Anteil ist Herr Schmitz am Umsatz beteiligt?

▪ Aufgabe 6 ▪ ●

Der Kaufpreis eines Einfamilienhauses beträgt 358 000 DM. Für die Ver-
mittlung dieses Immobiliengeschäftes berechnet ein Makler seinem Kunden 3 043 DM Provision.

**34 Goldstücke
kannst du dir hier
verdienen.
25 davon fordern
die „Meister der
Prozent- und
Zinsrechnung"
von dir ein!**

▪ Aufgabe 7 ▪ ●

Berechne den Grundwert.

a) 2 ‰ sind 0,85 ml
   7 ‰ sind 2,45 ml
   4 ‰ sind 3,34 ml

b) 3,4 ‰ sind 1,7 mg
   6,5 ‰ sind 2,6 mg
   9,6 ‰ sind 7,2 mg

c) 3 ‰ sind 1 434 DM
   8 ‰ sind 2 796 DM
   5 ‰ sind 1 143 DM

▪ Aufgabe 8 ▪ 🟡 🟡

Nach Beendigung seiner Berufsausbildung schließt Hubert eine Lebensversicherung ab. Der monatliche Versicherungsbeitrag beträgt 50 DM bei einem Prämiensatz von 12 ‰.

Berechne die Höhe der Versicherungssumme unter Berücksichtigung der Jahresprämie.

▪ Aufgabe 9 ▪ 🟡 🟡

Wegen überhöhten Alkoholgenusses mußte die Polizei einen Autofahrer zur Entnahme einer Blutprobe vorläufig festnehmen. Diese ergab einen Blutalkoholspiegel von „stolzen" 3,2 ‰. Im Körper eines Erwachsenen fließen ungefähr 5,5 Liter Blut.

Gib die Alkoholmenge im Blut des Autofahrers in ml an.

▪ Aufgabe 10 ▪ 🟡 🟡

Übertrage die Tabelle in dein Übungsheft, und berechne die fehlenden Größen:

Promillesatz	2,5 ‰	6 ‰		12,5 ‰	0,7 ‰	
Grundwert	640		530	178 200		2 600
Promillewert		48,6	2,12		36,4	3,90

110

▪ Aufgabe 11 ▪ ◯ ◯ ◯

Auf Schmuckstücken wird der Edelmetallgehalt in Promille durch einen Stempel auf der Rückseite gekennzeichnet. Bei einer Stempelprägung „333" besitzt ein Schmuckstück also einen Edelmetallgehalt von 333‰ seiner Gesamtmasse (Gesamtgewicht).

Bestimme den Edelmetallgehalt (in Gramm) der Schmuckstücke, die in der Tabelle aufgelistet sind.

Schmuckstück	Gewicht	Edelmetallgehalt
goldene Brosche	28 g	585‰
silberner Armreif	32 g	850‰
goldener Ehering	12 g	585‰
goldene Panzerkette	40 g	333‰
Silberteller	150 g	925‰

▪ Aufgabe 12 ▪ ◯ ◯ ◯

Den Anteil des Feingoldes (kurz **F**) in bezug auf das Gesamtgewicht (Rohgewicht **R**) einer Goldmünze nennt man Feinheit. Diese wird beispielsweise in Münzkatalogen in Promille ‰ angegeben.

Bestimme die Feinheit der folgenden Goldmünzen:

Name der Münze	Rohgewicht (R)	Feingold (F)
1 türkisches Pfund	7,21 g	6,61 g
5 Rubel	4,30 g	3,87 g
1 Pfund Sterling	7,98 g	7,32 g
10 Schweizer Franken	3,22 g	2,90 g

19 Goldstücke kannst du dir maximal auf dieser Doppelseite verdienen. 12 davon fordern die „Meister der Prozent- und Zinsrechnung" als Teil der Aufnahmegebühr von dir ein!

WO FINDE ICH WAS?

Register

Das alphabetische Stichwortverzeichnis kann dir helfen, wenn du ein bestimmtes Thema suchst. Große Themenbereiche, wie z. B. „Formeln", sind untergliedert.

LÖSUNGEN

· ·

Wir berechnen den Prozentwert

Seite 22

1. *gegeben:* G; p   *gesucht:* W
   Ansatz: Dreisatz
   100 % → G
       p → x
     1 % → G : 100
       W = (G : 100) · p
   Ansatz: Prozentformel

   $W = \dfrac{G \cdot p}{100}$

   Lösung:
   a) 18 dm; 2 cm; 11,2 mm
   b) 10,80 DM; 12 kg; 14,4 °C
   c) 267 m^2; 689,96 ha; 352,39 l
   Jede richtige Lösung ist 1 🟠 wert.

2. *gegeben:* G = 250 g   *gesucht:* W
          p = 20 %   🟠
   Ansatz: Dreisatz
   100 % → 250 g
    20 % → x
     1 % → 250 g : 100
       W = 2,5 g · 20 = 50 g
   Ansatz: Prozentformel

   $W = \dfrac{250 \text{ g} \cdot 50}{100} = 50 \text{ g}$

   Lösung: Die Tafel Schokolade wiegt 50 g
              mehr.

3. *gegeben:* G = 150 DM   *gesucht:* W
          p = 30 %   🟠
   Ansatz: Dreisatz
   100 % → 150 DM
    30 % → x
     1 % → 150 g : 100
       W = 1,5 g · 30 = 45 DM

Ansatz: Prozentformel

$W = \dfrac{150 \text{ DM} \cdot 30}{100} = 45 \text{ DM}$

150 DM – 45 DM = 105 DM
Lösung: Verena muß 105 DM bezahlen.

Seite 23

4. *gegeben:* G = 52 Std.   *gesucht:* W
          p = 25 %   🟠 🟠
   Frage: Welche Lebensdauer haben die
              neuen Batterien?
   Ansatz: Dreisatz
   100 % → 52 Std.
    25 % → x
     1 % → 52 Std. : 100
       W = 0,52 Std. · 25 = 13 Std.
   Ansatz: Prozentformel

   $W = \dfrac{52 \text{ Std.} \cdot 25}{100} = 13 \text{ Std.}$

   52 Std. + 13 Std. = 65 Std.
   Lösung: Die Lebensdauer der neuen
              Batterien beträgt 65 Stunden.

5. *gegeben:* G = 9,6 l   *gesucht:* W
          p = 12,5 %   🟠 🟠
a) *Ansatz:*   Dreisatz
   100 % → 9,6 l
   12,5 % → x
     1 % → 9,6 l : 100
       W = 0,096 l · 12,5 = 1,2 l
   Ansatz: Prozentformel

   $W = \dfrac{9,6 \text{ l} \cdot 12,5}{100} = 1,2 \text{ l}$

b) 9,6 l – 1,2 l = 8,4 l
   Lösung:
   a) Pro 100 km wurden durchschnittlich
      1,2 Liter Benzin zuviel verbraucht.
   b) Der Hersteller gibt einen Durchschnitts-
      verbrauch von 8,4 Litern an.

114

6. *gegeben:* G = 2 592 t   *gesucht:* W
    p = 46,25 %   ●●●

Ansatz: Dreisatz
    100 % → 2 592 t
  46,25 % → x
      1 % → 2 592 t : 100
      W = 25,92 t · 46,25 = 1 198,8 t

Ansatz: Prozentformel

$$W = \frac{2\,592\,t \cdot 46,25}{100} = 1\,198,8\,t$$

1 198,8 t : 6 = 199,8 t

Lösung: Pro Hochofenabstich werden 199,8 Tonnen Roheisen erzeugt.

Wir berechnen den Prozentsatz

Seite 28

1. *gegeben:* G; W   *gesucht:* p

Ansatz: Dreisatz
  100 % → G
    W → x
    1 % → 100 : G
    p = (100 : G) · W

Ansatz: Prozentformel

$$p = \frac{W \cdot 100}{G}$$

Lösung: a) 5 %; 6 %; 4 %
      b) 20 %; 70 %; 30 %
      c) 3 %; 20 %; 30 %

Jede richtige Lösung ist 1 ● wert.

2. *gegeben:* G = 320 DM   *gesucht:* p
    W = 96 DM   ●

Ansatz: Dreisatz
  320 DM → 100 %
   96 DM → x
    1 % → 100 : 320 DM
    p = 0,3125 · 96 = 30 %

Ansatz: Prozentformel

$$p = \frac{96\,DM \cdot 100}{320\,DM} = 30\,\%$$

Lösung: Der Preisnachlaß beträgt 30 %.

3. *gegeben:* G = 3,8 m   *gesucht:* p
    W = 57 cm = 0,57 m   ●

Ansatz: Dreisatz
   3,8 m → 100 %
  0,57 m → x
    1 % → 100 : 3,8 m
    p = (100 : 3,8) · 0,57 = 15 %

Ansatz: Prozentformel

$$p = \frac{0,57\,m \cdot 100}{3,8\,m} = 15\,\%$$

Lösung: Martina konnte sich um 15 % verbessern.

Seite 29

4. *gegeben:* W_1 = 4 Schüler   ●●
    W_2 = 7 Schüler
    W_3 = 11 Schüler
    W_4 = 4 Schüler
    W_5 = 6 Schüler

gesucht: p
  $G = W_1 + W_2 + W_3 + W_4 + W_5$
  ⇒ G = 32 Schüler

a) $W = W_1 + W_2 + W_3$
  ⇒ W = 22 Schüler

Ansatz: Dreisatz
32 Schüler → 100 %
22 Schüler → x
    1 % → 100 : 32 Schüler
    p = 3,125 · 22 = 68,75 %

Ansatz: Prozentformel

$$p = \frac{22\,Schüler \cdot 100}{32\,Schüler} = 68,75\,\%$$

b) $G = 32$ Schüler; $W = W_5 = 6$ Schüler

Ansatz: Dreisatz
32 Schüler → 100 %
 6 Schüler → x
    1 % → 100 : 32 Schüler
    p = 3,125 · 6 = 18,75 %

Ansatz: Prozentformel

$$p = \frac{6\,Schüler \cdot 100}{32\,Schüler} = 18,75\,\%$$

Lösung:
a) 68,75 % aller Schüler haben die Mathematikarbeit besser als 4 geschrieben.
b) Die Note „mangelhaft" erhielten
   18,75 % der Schüler.
Im Vergleich haben mehr als ¾ aller Schüler
die Arbeit besser als Note 5 geschrieben.

5. *gegeben:* G = 168 PKW   *gesucht:* p
             W = 42 PKW
   Frage: Wieviel Prozent der Fahrzeuge
               wurden überführt?
   Ansatz: Dreisatz
   42 PKW → x
         1 % → 100 : 168 PKW
           p = (100 : 168) · 42 = 25 %
   Ansatz: Prozentformel
   $p = \dfrac{42 \text{ PKW} \cdot 100}{168 \text{ PKW}} = 25\,\%$
   Lösung: Der Anteil der Verkehrssünder
               lag bei 25 %.

6. *gegeben:* W = 24 Fliesen
             Fläche = 6,8 m²
             Kantenlänge = 20 cm
   gesucht: p
   G = 6,4 m² : (0,2 · 0,2) m
   G = 160 Fliesen
   Ansatz: Dreisatz
   160 Fliesen → 100 %
    24 Fliesen → x
         1 % → 100 : 160 Fliesen
           p = (100 : 160) · 24 = 15 %
   Ansatz: Prozentformel
   $p = \dfrac{24 \text{ Fliesen} \cdot 100}{160 \text{ Fliesen}} = 15\,\%$
   Lösung: Udos Vater kalkuliert einen Ver-
               schnitt von 15 % ein.

Wir berechnen den Grundwert

Seite 34

1. *gegeben:* W; p   *gesucht:* G
   Ansatz: Dreisatz
           p → W
   100 % → x
       1 % → W : p
        G = (W : p) · 100
   Ansatz: Prozentformel
   $G = \dfrac{W \cdot 100}{p}$
   Lösung:
   a) 8 000 km; 1 600 m; 9 100 cm
   b) 1 300 $; 1 300 g; 1 700 N
   c) 5 000 dm³; 1 500 hl; 2 000 bar
   Jede richtige Lösung ist 1  wert.

2. *gegeben:* p = 30 %   *gesucht:* G
             W = 1 169,40 DM
   Ansatz: Dreisatz
     30 % → 1 169,40 DM
   100 % → x
       1 % → 1 169,40 DM : 30
        W = 38,98 DM · 100 = 3 898 DM
   Ansatz: Prozentformel
   $G = \dfrac{1\,169,40 \text{ DM} \cdot 100}{30} = 3\,898 \text{ DM}$
   Lösung: Die Reisekosten betragen
               3 898 DM.

3. *gegeben:* p = 72,5 %   *gesucht:* G
             W = 2 030 t
   Ansatz: Dreisatz
   72,5 % → 2 030 t
   100 % → x
       1 % → 2 030 t : 72,5
        W = 28 t · 100 = 2 800 t
   Ansatz: Prozentformel
   $G = \dfrac{2\,030 \text{ t} \cdot 100}{72,5} = 2\,800 \text{ t}$
   Lösung: Vor ihrem Start wog die Mond-
               rakete 2 800 Tonnen.

Seite 35

4. *gegeben:* p = 29,2 %   *gesucht:* G

W = 148,92 Mill. km^2 🟡🟡

Frage: Wie groß ist die Erdoberfläche?

Ansatz: Dreisatz

29,2 % → 148,92 Mill. km^2

100 % → x

1 % → 148,92 : 29,2

G = 5,1 · 100 = 510 Mill. km^2

Ansatz: Prozentformel

$$G = \frac{148,92 \cdot 100}{29,2} = 510 \text{ Mill. km}^2$$

Lösung: Die Oberfläche der Erde beträgt 510 Mill. km^2.

5. *gegeben:* W_1 = 31; p_1 = 6,9 %

W_2 = 7; p_2 = 7,5 %

W_3 = 20; p_3 = 7,8 %

W_4 = 4; p_4 = 5,7 %

gesucht: G

Ansatz: Dreisatz

6,9 % → 31 Arten

100 % → x

1 % → 31 Arten : 6,9

G_1 = (31 Arten : 6,9) · 100

G_1 = 449,3 Arten ≈ 449 Arten

7,5 % → 7 Arten

100 % → x

1 % → 7 Arten : 7,5

G_2 = (7 Arten : 7,5) · 100

G_2 = 93,3 Arten ≈ 93 Arten

7,8 % → 20 Arten

100 % → x

1 % → 20 Arten : 7,8

G_3 = (20 Arten : 7,8) · 100

G_3 = 256,4 Arten ≈ 256 Arten

5,7 % → 4 Arten

100 % → x

1 % → 4 Arten : 5,7

G_4 = (4 Arten : 5,7) · 100

G_4 = 70,2 Arten ≈ 70 Arten

Ansatz: Prozentformel

$$G_1 = \frac{31 \text{ Arten} \cdot 100}{6,9} \approx 449 \text{ Arten}$$

$$G_2 = \frac{7 \text{ Arten} \cdot 100}{7,5} \approx 93 \text{ Arten}$$

$$G3 = \frac{20 \text{ Arten} \cdot 100}{7,8} \approx 256 \text{ Arten}$$

$$G4 = \frac{4 \text{ Arten} \cdot 100}{5,7} \approx 70 \text{ Arten}$$

Lösung: Wirbeltiere = 449 Arten

Säugetiere = 93 Arten

Vögel = 256 Arten

Fische = 70 Arten

Jede richtige Lösung ist 1 🟡 wert.

6. *gegeben:* p = 30 %   *gesucht:* G

W = 574 Gäste   🟡🟡🟡

Ansatz: Dreisatz

a) p = 100 % – 30 % = 70 %

70 % → 574 Gäste

100 % → x

1 % → 574 Gäste : 70

W = 8,2 · 100 = 820 Gäste

Ansatz: Prozentformel

$$G = \frac{574 \text{ Gäste} \cdot 100}{70} = 820 \text{ Gäste}$$

b) 820 Karten – 574 Karten = 246 Karten

Lösung: a) 820 Gäste waren bei der Premiere anwesend.

b) An der Kinokasse wurden noch 246 Karten verkauft.

Vermehrter und verminderter Grundwert

Seite 38

1. *gegeben:* G = 420 DM   *gesucht:* W_+

p = 4,5 %   🟡

Ansatz: erweiterte Prozentformel

$$W_+ = \frac{(100 + 4,5) \cdot 420 \text{ DM}}{100} = 438,90 \text{ DM}$$

Lösung: Tobias erhält 438,90 DM Lohn.

2. *gegeben:* G = 996 DM   *gesucht:* W_+

p = 15 %

Ansatz: erweiterte Prozentformel

$$W_+ = \frac{(100 + 15) \cdot 996\ DM}{100} = 1\,145{,}40\ DM$$

Lösung: Der höhere Kaufpreis beträgt 1 145,40 DM

3. *gegeben:* G = 42 km/h   *gesucht:* W_+

p = 7 150 %

Ansatz: erweiterte Prozentformel

$$W_+ = \frac{(100 + 7\,150) \cdot 42\ km/h}{100} = 3\,045\ km/h$$

Lösung: Moderne Düsenflugzeuge können Geschwindigkeiten von 3 045 km/h erreichen.

Seite 39

4. *gegeben:* G = 3,42 Mill. Arbeitslose

p = 5,6 %

Frage: Wieviel Menschen waren Ende 1995 arbeitslos?

gesucht: W_+

Ansatz: erweiterte Prozentformel

$$W_+ = \frac{(100 + 5{,}6) \cdot 3{,}42\ Mill.}{100} \approx 3{,}61\ Mill.$$

Lösung: Ende 1995 waren 3,61 Millionen Menschen arbeitslos.

5. *gegeben:* G = 2 400 DM   *gesucht:* W_+

p_1 = 10 %

p_2 = 15 %

p_3 = 20 %

$p = p_1 + p_2 + p_3$

p = 10 % + 15 % + 20 % = 45 %

Ansatz: erweiterte Prozentformel

$$W_+ = \frac{(100 + 45) \cdot 2\,400\ DM}{100} = 3\,480\ DM$$

Lösung: Susannes neuer Computer kostet 3 480 DM

6. *gegeben:* p = 24 %   *gesucht:* W_+

G = 675 Schüler

Ansatz: erweiterte Prozentformel

$$W_+ = \frac{(100 + 24) \cdot 675}{100} = 837\ Schüler$$

837 Schüler : 3 = 279 Schüler

279 Schüler < 390 Schüler

Lösung: Ja, alle Schüler können ihre Fahrzeuge im Fahrradkeller einstellen.

Seite 42

1. *gegeben:* p = 25 %   *gesucht:* W_-

G = 32 Schüler

Ansatz: erweiterte Prozentformel

$$W_- = \frac{(100 - 25) \cdot 32\ Schüler}{100} = 24\ Schüler$$

Lösung: Zur Zeit nehmen 24 Schüler am Unterricht teil.

2. *gegeben:* p = 2 %   *gesucht:* W_-

G = 268,50 DM

Ansatz: erweiterte Prozentformel

$$W_- = \frac{(100 - 2) \cdot 268{,}50\ DM}{100} = 263{,}13\ DM$$

Lösung: Sonjas Eltern überweisen 263,13 DM.

3. *gegeben:* p = 81,5 %   *gesucht:* W_-

G = 66 600 Personen

Ansatz: erweiterte Prozentformel

$$W_- = \frac{(100 - 81{,}5) \cdot 66\,600}{100} = 12\,321\ Pers.$$

Lösung: 1983 waren in Deutschland 12 321 Personen an Aids erkrankt.

4. *gegeben:* p = 4 %   *gesucht:* W_-

G = 154 200 PKW

Ansatz: erweiterte Prozentformel

$$W_- = \frac{(100 - 4) \cdot 154\,200}{100} = 148\,032\ PKW$$

Lösung: Die Zahl der Autodiebstähle ging auf 148 032 PKW zurück.

Seite 43

5. *gegeben:* p = 12 % *gesucht:* W_
     G = 150 Min.

Ansatz: erweiterte Prozentformel

$$W_- = \frac{(100 - 12) \cdot 150 \text{ Min.}}{100} = 132 \text{ Min.}$$

132 Min. : 60 = 2,2 Stunden

Lösung: Die neue Fahrzeit beträgt
     132 Minuten oder 2,2 Stunden.

6. *gegeben:* p = 75 % *gesucht:* W_
     G = 3 Std. · 26 km/h = 78 km

a) *Ansatz:* erweiterte Prozentformel

$$W_- = \frac{(100 - 75) \cdot 78 \text{ km}}{100} = 19,5 \text{ km}$$

b) 78 km – 19,5 km = 58,5 km
   Lösung:
   a) Der Radfahrer muß noch 19,5 km bis
      zum Ziel zurücklegen.
   b) Er hat bereits 58,5 km zurückgelegt.

Die grafische Darstellung von Prozentangaben

Seite 52

1. *gegeben:* $p_{\text{keine Schäden}}$ = 36 %; $p_{\text{schwache Schäden}}$ = 39 %; $p_{\text{deutliche Schäden}}$ = 25 %
    gesucht: Kreisdiagramm; Streifendiagramm *(Maßstab: 1 % ≙ 1 mm)*
    Ansatz: Kreisdiagramm/Mittelpunktswinkel:
        36 % · 3,6° = 129,6° ≈ 130°
        39 % · 3,6° = 140,4° ≈ 140°
        25 % · 3,6° = 90°
        Streifendiagramm/Streifenlängen:
        36 % · 1 mm = 36 mm = 3,6 cm
        39 % · 1 mm = 39 mm = 3,9 cm
        25 % · 1 mm = 25 mm = 2,5 cm
        ⇒ Diagrammlänge = 10 cm
    Lösung: Kreisdiagramm/Streifendiagramm

keine Schäden 36 %	schwache Schäden 39 %	deutliche Schäden 25 %

2. *gegeben:* p_{Kupfer} = 60 %; p_{Nickel} = 22 %; p_{Zink} = 18 %
    gesucht: Kreisdiagramm; Streifendiagramm *(Maßstab: 1 % ≙ 1 mm)*
    Ansatz: Kreisdiagramm/Mittelpunktswinkel
        60 % · 3,6° = 216°
        22 % · 3,6° = 79,2° ≈ 79°
        18 % · 3,6° = 64,8° ≈ 65°
        Streifendiagramm/Streifenlängen:
        60 % · 1 mm = 60 mm = 6,0 cm
        22 % · 1 mm = 22 mm = 2,2 cm
        18 % · 1 mm = 18 mm = 1,8 cm
        ⇒ Diagrammlänge = 10 cm
    Lösung: Kreisdiagramm

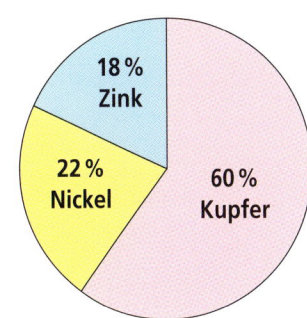

Lösung: Streifendiagramm

Kupfer 60%	Nickel 22%	Zink 18%

3. *gegeben:* $p_{Wolle} = 70\,\%$; $p_{Mohair} = 20\,\%$; $p_{Polyamid} = 10\,\%$
gesucht: Kreisdiagramm; Streifendiagramm *(Maßstab: 1 % $\triangleq$ 1 mm)*
Ansatz: Kreisdiagramm/Mittelpunktswinkel:
$70\,\% \cdot 3{,}6° = 252°$
$20\,\% \cdot 3{,}6° = 72°$
$10\,\% \cdot 3{,}6° = 36°$
Streifendiagramm/Streifenlängen:
$70\,\% \cdot 1\,mm = 70\,mm = 7\,cm$
$20\,\% \cdot 1\,mm = 20\,mm = 2\,cm$
$10\,\% \cdot 1\,mm = 10\,mm = 1\,cm$
$\Rightarrow$ Diagrammlänge = 10 cm
Lösung: Kreisdiagramm/Streifendiagramm

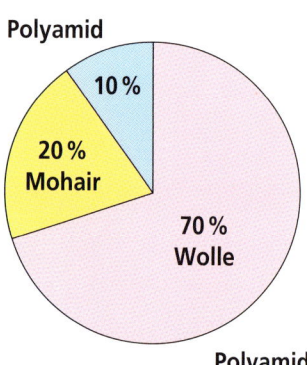

Wolle 70%	Mohair 20%	Polyamid 10%

Seite 53

4. *gegeben:* $p_{Wasser} = 87{,}5\,\%$; $p_{Fett} = 3{,}5\,\%$; $p_{Kohlenhydrate} = 4{,}8\,\%$; $p_{Eiweiß} = 3{,}3\,\%$;
$p_{Vitamine\ und\ Mineralstoffe} = 0{,}9\,\%$
gesucht: Kreisdiagramm
Ansatz: Kreisdiagramm/Mittelpunktswinkel:
$87{,}5\,\% \cdot 3{,}6° = 315°$
$3{,}5\,\% \cdot 3{,}6° = 12{,}6° \approx 13°$
$4{,}8\,\% \cdot 3{,}6° = 17{,}28° \approx 17°$
$3{,}3\,\% \cdot 3{,}6° = 11{,}88° \approx 12°$
$0{,}9\,\% \cdot 3{,}6° = 3{,}24° \approx 3°$
Lösung: Kreisdiagramm

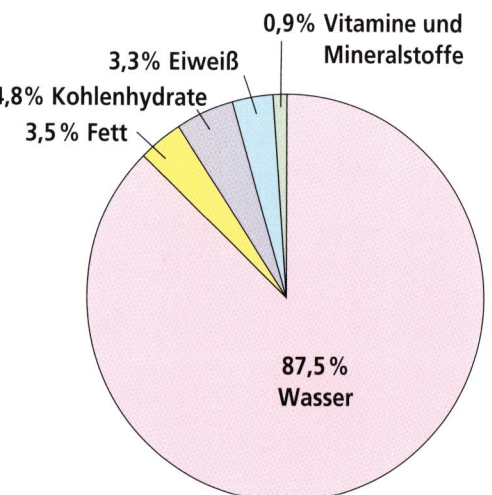

5. *gegeben:* $p_{Bauschutt}$ = 47,1 %; $p_{Industrieabfälle}$ = 40 %; $p_{Hausmüll}$ = 10,9 %; $p_{Klärschlamm}$ = 2 %

gesucht: Kreisdiagramm

Ansatz: Kreisdiagramm/Mittelpunktswinkel:

47,1 % · 3,6° = 169,56° ≈ 170°

40,0 % · 3,6° = 144°

10,9 % · 3,6° = 39,24° ≈ 39°

2,0 % · 3,6° = 7,2° ≈ 7°

Lösung: Kreisdiagramm

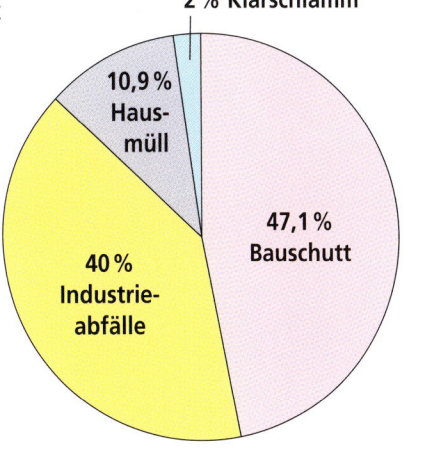

6. *gegeben:* $p_{unbeschädigt}$ = 46 %; $p_{leicht\ beschädigt}$ = 22 %; $p_{schwer\ beschädigt}$ = 15 %; $p_{verloren}$ = 17 %

gesucht: Kreisdiagramm; Streifendiagramm *(Maßstab: 1 % ≙ 1 mm)*

Ansatz: Kreisdiagramm/Mittelpunktswinkel:

46 % · 3,6° = 165,5° ≈ 166°

22 % · 3,6° = 79,2° ≈ 79°

15 % · 3,6° = 54°

17 % · 3,6° = 61,2° ≈ 61°

Streifendiagramm/Streifenlängen:

46 % · 1 mm = 46 mm = 4,6 cm

22 % · 1 mm = 22 mm = 2,2 cm

15 % · 1 mm = 15 mm = 1,5 cm

17 % · 1 mm = 17 mm = 1,7 cm

⇒ Diagrammlänge = 10 cm

Lösung: Kreisdiagramm/Streifendiagramm

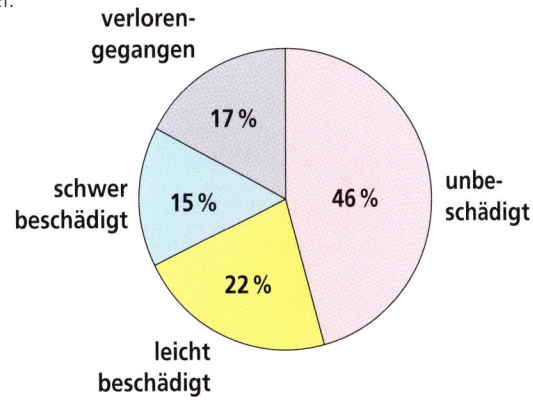

7. *gegeben:* G = 34 kg; $W_{weiß}$ = 15,3 kg; $W_{grün}$ = 10,2 kg; W_{braun} = 8,5 kg

    gesucht: Kreisdiagramm; Streifendiagramm   *(Maßstab: 1 % ≙ 1 mm)*

$$p = \frac{15,3\ kg \cdot 100}{34\ kg} = 45\ \%\ \text{weißes Glas;} \qquad p = \frac{10,2\ kg \cdot 100}{34\ kg} = 30\ \%\ \text{grünes Glas}$$

$$p = \frac{8,5\ kg \cdot 100}{34\ kg} = 25\ \%\ \text{braunes Glas}$$

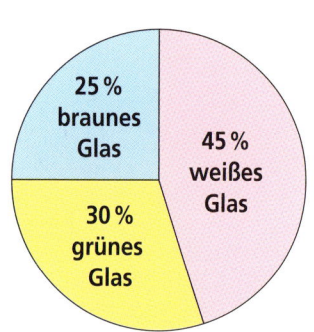

Ansatz: Kreisdiagramm/Mittelpunktswinkel:

    45 % · 3,6° = 162°;   30 % · 3,6° = 108°

    25 % · 3,6° = 90°

    Streifendiagramm/Streifenlängen:

    45 % · 1 mm = 45 mm = 4,5 cm

    30 % · 1 mm = 30 mm = 3 cm

    25 % · 1 mm = 25 mm = 2,5 cm

    ⇒ Diagrammlänge = 10 cm

Lösung: Kreisdiagramm/Streifendiagramm

weißes Glas 45 %	grünes Glas 30 %	braunes Glas 25 %

8. *gegeben:* G = 20 000 DM; $W_{Jugendzentrum}$ = 9 000 DM; $W_{Obdachlosenprojekt}$ = 4 000 DM;

    $W_{Behindertenkindergarten}$ = 7 000 DM

    gesucht: Kreisdiagramm; Streifendiagramm   *(Maßstab: 1 % ≙ 1 mm)*

$$p = \frac{9\,000\ DM \cdot 100}{20\,000\ DM} = 45\ \%\ \text{Jugendzentrum}$$

$$p = \frac{4\,000\ DM \cdot 100}{20\,000\ DM} = 20\ \%\ \text{Obdachlosenprojekt}$$

$$p = \frac{7\,000\ DM \cdot 100}{20\,000\ DM} = 35\ \%\ \text{Behindertenkindergarten}$$

Ansatz: Kreisdiagramm/Mittelpunktswinkel:

    45 % · 3,6° = 162°

    20 % · 3,6° = 72°

    35 % · 3,6° = 126°

    Streifendiagramm/Streifenlängen:

    45 % · 1 mm = 45 mm = 4,5 cm

    20 % · 1 mm = 20 mm = 2 cm

    35 % · 1 mm = 35 mm = 3,5 cm

    ⇒ Diagrammlänge = 10 cm

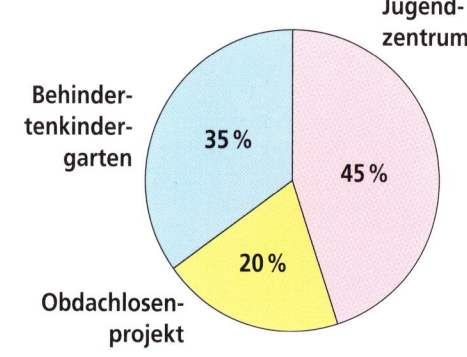

Lösung: Kreisdiagramm/Streifendiagramm

Jugendzentrum 45%	Obdachlosen- projekt 20%	Behinderten- kindergarten 35 %

9. *gegeben:* G = 486 Stimmen

W_{Lothar} = 152 Stimmen

$W_{Gabriele}$ = 149 Stimmen

W_{Martin} = 114 Stimmen

W_{Uschi} = 71 Stimmen

gesucht: Säulendiagramm

(Maßstab: 1 % ≙ 2 mm)

$$p = \frac{152 \text{ Stimmen} \cdot 100}{486 \text{ Stimmen}} \approx 31,3\,\% \text{ Lothar}$$

$$p = \frac{149 \text{ Stimmen} \cdot 100}{486 \text{ Stimmen}} \approx 30,7\,\% \text{ Gabriele}$$

$$p = \frac{114 \text{ Stimmen} \cdot 100}{486 \text{ Stimmen}} \approx 23,5\,\% \text{ Martin}$$

$$p = \frac{71 \text{ Stimmen} \cdot 100}{486 \text{ Stimmen}} \approx 14,6\,\% \text{ Uschi}$$

Ansatz: Säulendiagramm/Säulenhöhen:

31,3 % · 2 mm = 62,6 mm ≈ 6,3 cm

30,7 % · 2 mm = 61,4 mm ≈ 6,1 cm

23,5 % · 2 mm = 47 mm = 4,7 cm

14,6 % · 2 mm = 29,2 mm ≈ 2,9 cm

Lösung: Säulendiagramm

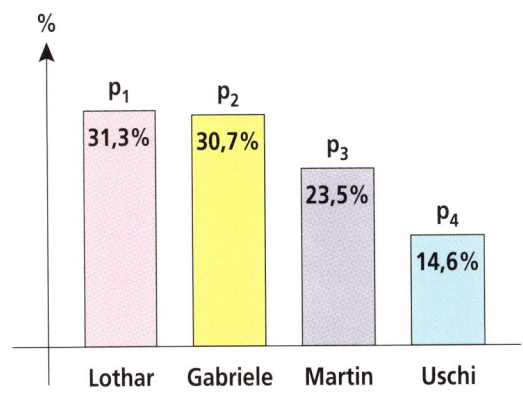

*(verkleinerte Abbildung, Maßstab im Buch: 1 : 2; die Säulen deines Diagramms müssen also **doppelt so lang** sein)*

Seite 55

10. *gegeben:* $p_{Gabriele}$ = +17,4 %

p_{Martin} = −12,3 %

p_{Uschi} = +14,6 %

p_{Lothar} = −9,8 %

gesucht: Balkendiagramm;

Säulendiagramm

(Maßstab: 1 % ≙ 2 mm)

Ansatz:
Balkendiagramm/Balkenlängen
Säulendiagramm/Säulenhöhen
Gabriele (Gewinn): 17,4 % · 2 mm = 34,8 mm ≈ 3,5 cm
Martin (Verlust):   12,3% · 2 mm = 24,6 mm ≈ 2,5 cm
Uschi (Gewinn):   14,6 % · 2 mm = 29,2 mm ≈ 2,9 cm
Lothar (Verlust):   9,8 % · 2 mm = 19,6 mm ≈ 2 cm

Lösung: Balkendiagramm   *Lösung:*   Säulendiagramm

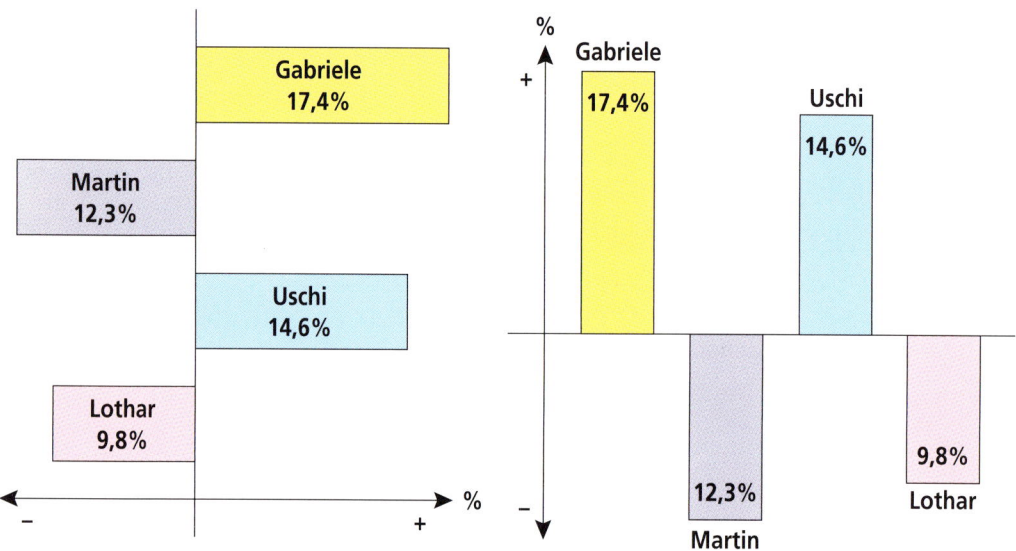

11. *gegeben:* p_{USA} = +24,3 %
             $p_{Frankreich}$ = −17,9 %
             $p_{Rußland}$ = −37,3 %
             p_{China} = +39,6 %
  gesucht: Balkendiagramm;
             Säulendiagramm
             (Maßstab: 1 % ≙ 1 mm)
Ansatz:
Balkendiagramm/Balkenlängen
Säulendiagramm/Säulenhöhen
USA (Gewinn):   24,3 % · 1 mm = 24,3 mm ≈ 2,4 cm
Frankreich (Verlust): 17,9 % · 1 mm = 17,9 mm ≈ 1,8 cm
Rußland (Verlust):   37,3 % · 1 mm = 37,3 mm ≈ 3,7 cm
China (Gewinn):   39,6 % · 1 mm = 39,6 mm ≈ 4 cm

124

Lösung: Balkendiagramm

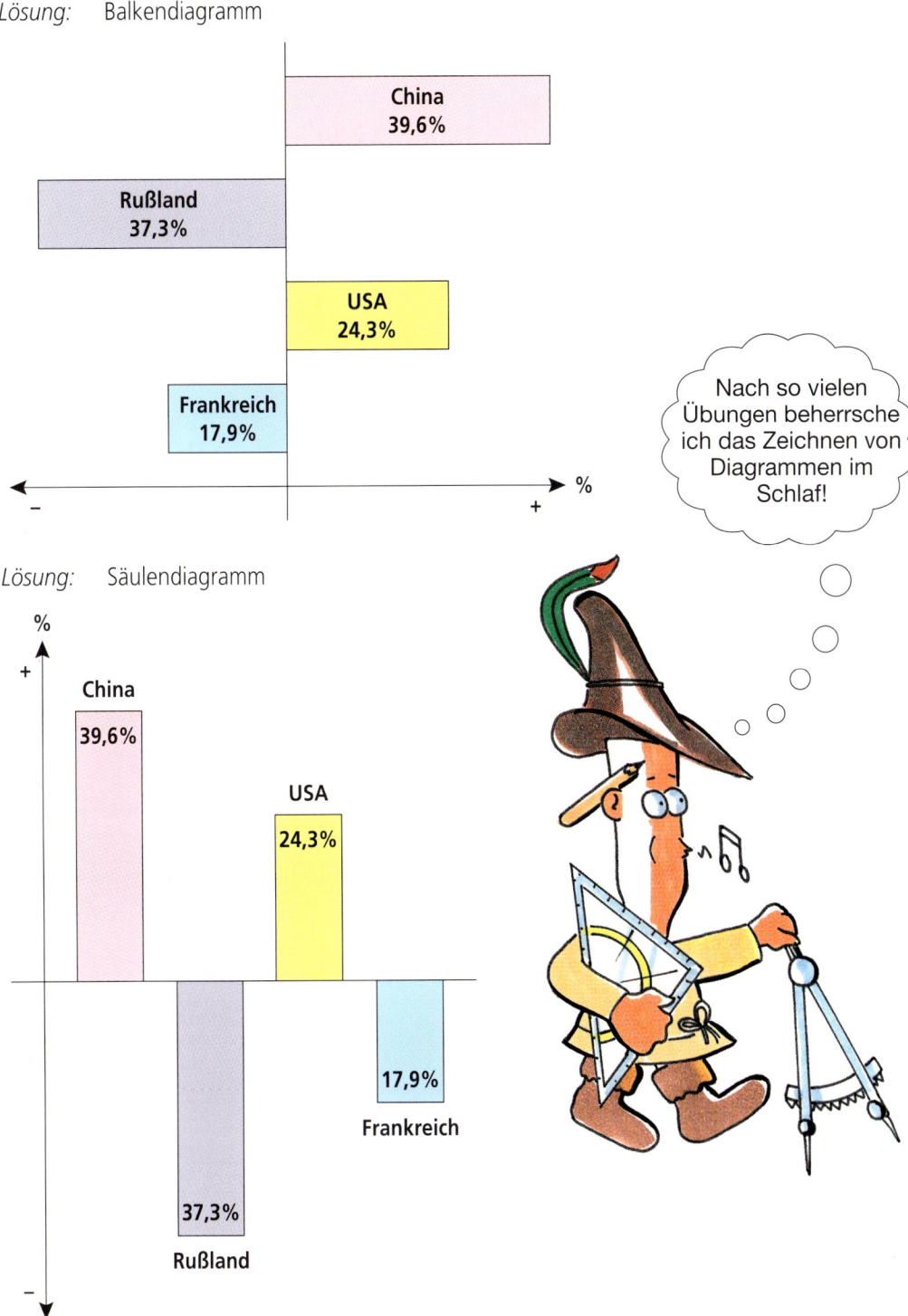

China
39,6%

Rußland
37,3%

USA
24,3%

Frankreich
17,9%

%
− +

Nach so vielen Übungen beherrsche ich das Zeichnen von Diagrammen im Schlaf!

Lösung: Säulendiagramm

%
+

China
39,6%

USA
24,3%

17,9%
Frankreich

37,3%
Rußland

−

125

Seite 58

1. *gegeben:* p = 36 %   *gesucht:* W
   G = 840 Mill. Tonnen 🟠
   Frage: Wieviel Kohlendioxid wird von deutschen Kraftwerken jährlich ausgestoßen?
   Ansatz: Prozentformel
   $$W = \frac{840 \text{ Mill. t} \cdot 36}{100} = 302,4 \text{ Mill. t.}$$
   Lösung: Jährlich werden 302,4 Millionen Tonnen Kohlendioxid von deutschen Kraftwerken ausgestoßen.

2. *gegeben:* G; p   *gesucht:* W
   Ansatz: Prozentformel
   $$W = \frac{G \cdot p}{100}$$
   Lösung:
   a) 9,52 ha; ≈ 15,8 l; ≈ 15,7 g
   b) 17,4 mg; 36,26 DM; 36,54 m²
   c) 427,5 Hz, 190,82 Ω; 442 N
   Jede richtige Antwort ist 1 🟠 wert.

3. *gegeben:* p = 20 %   *gesucht:* G
   W = 3 742 Tankstellen 🟠
   Frage: Wieviel Tankstellen müssen mit einem Saugrüssel ausgerüstet werden?
   Ansatz: Prozentformel
   $$G = \frac{3\,742 \cdot 100}{20} = 18\,710 \text{ Tankstellen}$$
   Lösung: Insgesamt müssen 18 710 Tankstellen mit einem Saugrüssel ausgerüstet werden.

Seite 59

4. *gegeben:* W = 4 794 B.   *gesucht:* p
   G = 15 000 Betriebe 🟠

   Ansatz: Prozentformel
   $$p = \frac{4\,794 \text{ Betriebe} \cdot 100}{15\,000 \text{ Betriebe}} = 31,96\,\%$$
   Lösung: 1993 waren von 15 000 europäischen Ökobetrieben 31,96 % in Deutschland angesiedelt.

5. *gegeben:* G; W   *gesucht:* p
   Ansatz: Prozentformel
   $$p = \frac{W \cdot 100}{G}$$
   Lösung:
   a) 4 %; 15 %; 2,5 %
   b) 8 %; 12,5 %; 25 %
   c) 4,9 %; 20 %; ≈ 14,2 %
   Jede richtige Antwort ist 1 🟠 wert.

6. *gegeben:* p = 64 %   *gesucht:* W
   G = 860 Personen 🟠
   Frage: Wieviel Personen antworteten bei der Umfrage mit „Ja"?
   Ansatz: Prozentformel
   $$W = \frac{860 \text{ Personen} \cdot 64}{100} \approx 550 \text{ Personen}$$
   Lösung: Mit „Ja" antworteten 550 Personen.

7. *gegeben:* W = 144 m   *gesucht:* p
   G = 4,8 km = 4 800 m 🟠
   Ansatz: Prozentformel
   $$p = \frac{144 \text{ m} \cdot 100}{4\,800 \text{ m}} = 3\,\%$$
   Lösung: Die Steigung der Autobahn beträgt 3 %.

Seite 60

8. *gegeben:* p = 25 %   *gesucht:* W
   G = 3 Mill. Raucher 🟠
   Frage: Wieviel Todesfälle sind das?
   Ansatz: Prozentformel
   $$W = \frac{3\,000\,000 \cdot 25}{100} = 750\,000 \text{ Raucher}$$

Lösung: Zwischen dem 35. und 65. Lebensjahr sterben weltweit jährlich 750 000 Personen an den Folgen des Rauchens.

9. *gegeben:* W; p   *gesucht:* G
Ansatz: Prozentformel

$$G = \frac{W \cdot 100}{p}$$

Lösung:
a) 150 cm; 350 hl; 1 050 kg
b) 550 m; 1 350 l; 1 450 Hz
c) 9 000 g; 500 ha; 3 000 N
Jede richtige Antwort ist 1 ● wert.

10. *gegeben:* G = 53,4 m   *gesucht:* W
p = 69,1 %   ●
Frage: Auf welche Höhe ist der Wasserspiegel des Aralsees von 1985 bis 1995 gefallen?
Ansatz: Prozentformel

$$W = \frac{53,4 \text{ m} \cdot 69,1}{100} \approx 36,9 \text{ m}$$

Lösung: Der Wasserspiegel ist von 1985 bis 1995 auf 36,9 m gefallen.

11. *gegeben:* W = 30 DM   *gesucht:* G
p = 60 %   ●
Frage: Wieviel Taschengeld bekommt Lena monatlich?
Ansatz: Prozentformel

$$G = \frac{30 \text{ DM} \cdot 100}{60} = 50 \text{ DM}$$

Lösung: Lena bekommt jeden Monat 50 DM Taschengeld.

Seite 61

12. *gegeben:* G = 12,5 m   *gesucht:* W_+
p = 12 %   ●
Frage: Wie lang ist der Bremsweg auf regennasser Straße?
Ansatz: vermehrter Grundwert

$$W_+ = \frac{(100 + 12) \cdot 12,5}{100} = 14 \text{ m}$$

Lösung: Der Bremsweg auf regennasser Straße beträgt 14 m.

13. *gegeben:* p_{unfrei} = 40 %   ●
$p_{teilweise\ frei}$ = 40 %
p_{frei} = 20 %
gesucht: Kreisdiagramm
Ansatz: Mittelpunktswinkel
40 % · 3,6° = 144°
40 % · 3,6° = 144°
20 % · 3,6° = 72°
Lösung: Kreisdiagramm

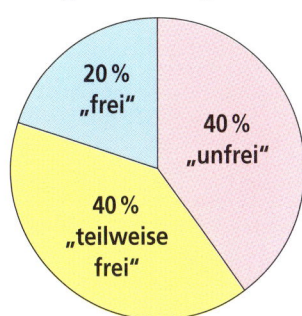

gesucht: Streifendiagramm
Ansatz: Streifenlängen
Maßstab: 1 % ≙ 1 mm

$p_{unfrei} = p_{teilweise\ frei}$
⇒ 40 % · 1 mm = 40 mm = 4 cm;
p_{frei} ⇒ 20 % · 1 mm = 20 mm = 2 cm
Lösung: Streifendiagramm

„unfrei" 40 %	„teilweise frei" 40 %	„frei" 20 %

127

14. *gegeben:* p = 4,4 %   *gesucht:* G
                W_ = 450 210 Verträge 🟡

Frage: Wieviel Lehrverträge wurden
             1993 abgeschlossen?

Ansatz: verminderter Grundwert

$$W_- = \frac{(100 - p) \cdot G}{100} \iff G = \frac{100 \cdot W_-}{100 - p}$$

$$G = \frac{100 \cdot 450\,210}{100 - 4,4} \approx 470\,931 \text{ Verträge}$$

Lösung: 1993 wurden 470 931 Lehrver-
             träge abgeschlossen.

15. *gegeben:* p = 29,2 %   *gesucht:* G
                W = 154 Mrd. kWh 🟡

Frage: Wieviel Energie wurde 1993 in
             Deutschland erzeugt?

Ansatz: allgemeine Prozentformel

$$G = \frac{154 \cdot 100}{29,2} \approx 527 \text{ Mrd. kWh}$$

Lösung: Insgesamt wurden 1993 in
             Deutschland rund 527 Mrd.
             kWh Energie erzeugt.

Seite 62

16. *gegeben:* G = 4 l   *gesucht:* W_
                p = 60 % 🟡🟡

Frage: Wie groß ist die Atemgröße
             eines 75jährigen?

Ansatz: verminderter Grundwert

$$W_- = \frac{(100 - 60) \cdot 4}{100} = 1,6 \text{ l}$$

Lösung: Die Atemgröße eines 75jährigen
             beträgt 1,6 l.

17. *gegeben:* p = 75 %   *gesucht:* G
                W = 11,55 DM 🟡🟡

Ansatz: Prozentformel

$$G = \frac{11,55 \text{ DM} \cdot 100}{75} = 15,40 \text{ DM}$$

15,40 DM – 11,55 DM = 3,85 DM

Lösung: Herr Rau hat trotz seines
             Gewinns 3,85 DM verloren.

18.

Grundwert	98 DM	**421 l**	418 kg	625 m	**9 000 g**	400 ha
Prozentsatz	2,5 %	30 %	**15 %**	14,2 %	3,8 %	**69 %**
Prozentwert	**2,45 DM**	126,3 l	62,7 kg	**88,75 m**	342 g	276 ha

Jede einzelne Lösung ist 1 🟡 wert.

19. *gegeben:* p = 64 % 🟡🟡
                G = 17,8 Mill. Einwohner

gesucht: Landbevölkerung

Ansatz: verminderter Grundwert

$$W_- = \frac{(100 - 64) \cdot 17,8}{100} = 6,408 \text{ Mill. Einw.}$$

gesucht: Stadtbevölkerung

Ansatz: Prozentformel

$$W = \frac{17,8 \cdot 64}{100} = 11,392 \text{ Mill. Einwohner}$$

Lösung: In Australien leben ungefähr
             6,4 Mill. Einwohner auf dem
             Land und 11,4 Mill. in den
             Großstädten.

Seite 63

20. *gegeben:* G; W   *gesucht:* p

Ansatz: Prozentformel

$$p = \frac{W \cdot 100}{G}$$

Lösung:

$p_{Zwergwal} = 88,2 \text{ %}$

$p_{Finnwal} = 4 \text{ %}$

$p_{Buckelwal} = 12 \text{ %}$

$p_{Pottwal} = 0,8 \text{ %}$

$p_{Blauwal} = 0,4 \text{ %}$

Jede richtige Lösung ist 1 🟡 wert.

21. *gegeben:* G = 7 860 Teile ● ●

W = 2 247 Satelliten

Frage: Wie hoch ist der Anteil der Satelliten am Weltraummüll?

gesucht: p

Ansatz: Prozentformel

$$p = \frac{2\,247 \text{ Satelliten} \cdot 100}{7\,860 \text{ Teile}} \approx 28,6\,\%$$

Lösung: Der Anteil der Satelliten beträgt ungefähr 28,6 %.

Seite 64

22. *gegeben:* W = 931,50 DM ● ●

1 500 l Heizöl

Da 15 % Mehrwertsteuer schon im Preis enthalten sind, ist **p = 115 %!**

gesucht: Nettopreis pro Liter

gesucht: Nettoverkaufspreis G

Ansatz: Prozentformel

$$G = \frac{931,50 \text{ DM} \cdot 100}{115} = 810 \text{ DM}$$

810 DM : 1 500 = 0,54 DM

Lösung: Ein Liter Heizöl kostet netto 0,54 DM

23. *gegeben:* p = 97,3 %   *gesucht:* W_+

G = 370 000 t ● ●

Frage: Wieviel Tonnen Kunststoff werden 1996 voraussichtlich recycelt?

Ansatz: vermehrter Grundwert

$$W_+ = \frac{(100 + 97,3) \cdot 370\,000 \text{ t}}{100} = 730\,010 \text{ t}$$

Lösung: 1996 sollen 730 010 Tonnen Kunststoffmüll wiederverwertet werden.

25. *gegeben:* p_{Kupfer} = 70 % ● ●

p_{Zinn} = 30 %

G = 840 kg

gesucht: W_{Kupfer} und W_{Zinn}

Ansatz: Prozentformel

$$W_{Kupfer} = \frac{840 \text{ kg} \cdot 70}{100} = 588 \text{ kg}$$

$$W_{Zinn} = \frac{840 \text{ kg} \cdot 30}{100} = 252 \text{ kg}$$

Lösung: Die Gießerei muß 588 kg Kupfer und 252 kg Zinn einkaufen.

Seite 65

26. *gegeben:* p = 5 %   *gesucht:* W

G = 180 l ● ● ●

a) *Ansatz:* Prozentformel

$$W = \frac{180 \text{ l} \cdot 5}{100} = 9 \text{ l} \qquad 9 \text{ l} \cdot 3 = 27 \text{ l}$$

b) *Ansatz:* verminderter Grundwert

$$W_- = \frac{(100 - 5) \cdot 180 \text{ l}}{100} = 171 \text{ l}$$

171 l · 3 = 513 l

2. Lösungsweg:

180 l · 3 = 540 l   540 l – 27 l = 513 l

Lösung:

a) Der tägliche Trinkwasserverbrauch einer dreiköpfigen Familie beträgt 27 l.

b) Der Brauchwasseranteil liegt bei 513 l.

27. *gegeben:* p = 5,6 %   *gesucht:* W

G = 3 375 Organe ● ● ●

Ansatz: Prozentformel

$$W = \frac{3\,375 \text{ Organe} \cdot 5,6}{100} = 189 \text{ Organe}$$

Lösung: Die Zahl der Organverpflanzungen ging 1994 um 189 zurück.

24.

Prozentsatz	35 %	12,7 %	**40 %**	16 %	**20 %**	7,8 %
Prozentwert	**27,3 cm**	13,97 t	164 DM	**28 km**	48,4 ml	117 Hz
Grundwert	78 cm	**110 t**	410 DM	175 km	242 ml	**1 500 Hz**

Jede einzelne Lösung ist 1 ● wert.

28. *gegeben:* W = 250 g   *gesucht:* G
                p$_{Verlust}$ = 15 %
p = 100 % − 15 % = 85 %
Ansatz: Prozentformel
$$G = \frac{250\ g \cdot 100}{85} \approx 294\ g$$
294 g · 130 = 38 220 g ≈ 38,2 kg
Lösung: Der Hotelier muß 38,2 kg
            Frischfleisch einkaufen.

Seite 66

29. *gegeben:* G = 4 850 t   *gesucht:* p
                W = 3 395 t
Ansatz: Prozentformel
$$p = \frac{3\ 395\ t \cdot 100}{4\ 850\ t} = 70\ \%$$
100 % − 70 % = 30 %
Lösung: Der Gewichtsverlust beträgt
            30 %

30. *gegeben:* p = 28 %   *gesucht:* W_
                G = 5 575 kWh
Ansatz: verminderter Grundwert
Strompreis:
$$W_- = \frac{(100 - 28) \cdot 5\ 575\ kWh}{100} = 4\ 014\ kWh$$
4 014 · 14,5 Pf = 58 203 Pf
                = 582,03 DM
Rechnungsbetrag *mit* Mehrwertsteuer:
$$W_+ = \frac{(100 + 15) \cdot 582,03\ DM}{100} \approx 669,34\ DM$$
Lösung: Familie Sommer muß
            669,34 DM bezahlen.

31. *gegeben:* G = 30 Schüler
W$_{Handwerk}$ = 30 : 3 = 10 Schüler
W$_{Schule}$ = 30 : 5 = 6 Schüler
W$_{Rest}$ = 30 − 16 = 14 Schüler
gesucht: p
$$p_{Handwerk} = \frac{10\ Schüler \cdot 100}{30\ Schüler} \approx 33,3\ \%$$
$$p_{Schule} = \frac{6\ Schüler \cdot 100}{30\ Schüler} = 20\ \%$$

$$p_{Rest} = \frac{14\ Schüler \cdot 100}{30\ Schüler} \approx 46,7\ \%$$
Lösung:
In Axels Klasse möchten 33,3 % aller
Schüler ein Handwerk erlernen, 20 % eine
weiterführende Schule besuchen und
46,7 % eine kaufmännische Ausbildung
machen.

Seite 67

32. *gegeben:* p = 5 %
                G$_{Perlenkette}$ = 2 800 DM
                G$_{Ohrringe}$ = 600 DM
                G$_{Ledertasche}$ = 450 DM
                G$_{Fahrrad}$ = 1 600 DM
gesucht: Finderlohn W
Ansatz: Prozentformel
Perlenkette:
$$\frac{2\ 800\ DM \cdot 5}{100} = 140\ DM$$
2 800 DM − 1 000 DM = 1 800 DM
$$\frac{1\ 800\ DM \cdot 3}{100} = 54\ DM$$
140 DM + 54 DM = 194 DM
Ohrringe:
$$\frac{600\ DM \cdot 5}{100} = 30\ DM$$
Ledertasche:
$$\frac{450\ DM \cdot 5}{100} = 22,50\ DM$$
Fahrrad:
$$\frac{1\ 600\ DM \cdot 5}{100} = 80\ DM$$
1 600 DM − 1 000 DM = 600 DM
$$\frac{600\ DM \cdot 3}{100} = 18\ DM$$
80 DM + 18 DM = 98 DM
Lösung:
Der Finderlohn beträgt für die Perlenkette
194 DM, die Ohrringe 30 DM, die Ledertasche 22,50 DM und für das Fahrrad
98 DM.

33. *gegeben:* $p_{Sport} = -15\,\%$ 　　 ● ● ●
　　　　　　 $p_{Arbeit} = +26\,\%$
　　　　　　 $p_{Verkehr} = +20\,\%$
　　　　　　 $G_{Sport} = 5\,420$ Unfälle
　　　　　　 $G_{Arbeit} = 1\,750$ Unfälle
　　　　　　 $G_{Verkehr} = 1\,465$ Unfälle

a) *gesucht:* W_+ oder W_-
　 Ansatz: vermehrter oder verminderter
　　　　　 Grundwert

$$W_- = \frac{(100 - 15) \cdot 5\,420}{100} = 4\,607 \text{ Sport-}$$
$$\text{unfälle}$$

$$W_+ = \frac{(100 + 26) \cdot 1\,750}{100} = 2\,205 \text{ Arbeits-}$$
$$\text{unfälle}$$

$$W_+ = \frac{(100 + 20) \cdot 1\,465}{100} = 1\,758 \text{ Verkehrs-}$$
$$\text{unfälle}$$

Lösung:
Die Unfallstatistik des Vorjahres sieht so
aus: 4\,607 Sportunfälle, 2\,205 Arbeitsunfälle und 1\,758 Verkehrsunfälle.

b) *gesucht:* Balken- und Säulendiagramm
　 Ansatz: Balkenlängen, Säulenhöhen
　 (Maßstab: 1\,% $\triangleq$ 1 mm)
　 $15\,\% \cdot 1\,mm = 15\,mm = 1,5\,cm$
　 $26\,\% \cdot 1\,mm = 26\,mm = 2,6\,cm$
　 $20\,\% \cdot 1\,mm = 20\,mm = 2\,cm$
　 Lösung: Balkendiagramm

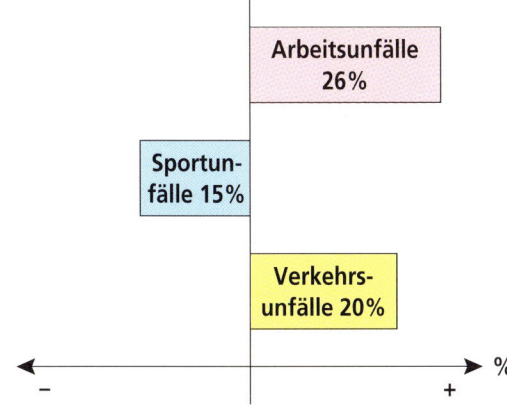

Lösung: Säulendiagramm

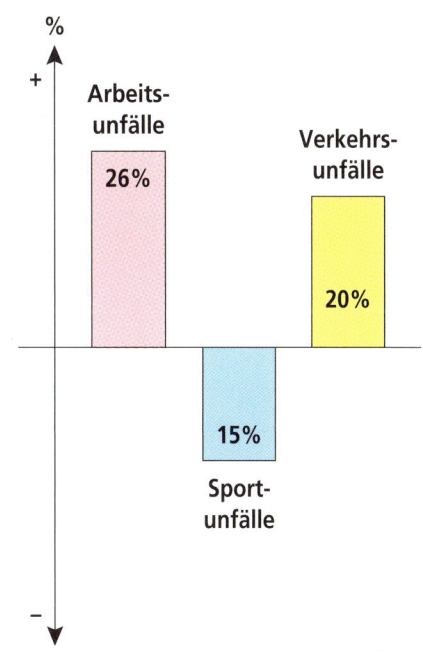

Wir berechnen die Zinsen

Seite 76

1. *gegeben:* K; p; t 　　　　 *gesucht:* Z
　 Ansatz: Zinsformel

$$Z = \frac{K \cdot p \cdot t}{100} \text{ für t = Jahre}$$

Lösung:
a) 3 DM; 32,20 DM; 46,80 DM
b) 25,55 DM; 100,92 DM; 64,60 DM
c) 150,96 DM; 161,84 DM; 472,50 DM
Jede einzelne Lösung ist 1 ● wert.

2. *gegeben:* K = 600 DM 　　　 *gesucht:* Z
　　　　　　 p = 12,25\,% 　　　　　　 ●
　　　　　　 t = 24 Tage
　 Ansatz: Zinsformel

$$Z = \frac{600 \text{ DM} \cdot 12,25 \cdot 24}{36\,000} = 4,90 \text{ DM}$$

Lösung: Vom Gehaltskonto werden
　　　　　 4,90 DM abgebucht.

3. *gegeben:* K; p; t   *gesucht:* Z
Ansatz: Zinsformel

$$Z = \frac{K \cdot p \cdot t}{100} \text{ für t = Jahre}$$

$$Z = \frac{K \cdot p \cdot t}{1\,200} \text{ für t = Monate}$$

$$Z = \frac{K \cdot p \cdot t}{36\,000} \text{ für t = Tage}$$

Lösung:
a) 800 DM; 3 072 DM; 795 DM; 456 DM
b) 700 DM; 1 468,50 DM; 1 422,40 DM;
   6 780,40 DM
c) 28 DM; 33,12 DM; 21,28 DM; 22,25 DM
d) 133 200 DM; 10 744 DM; 163 296 DM;
   5 100 DM
Jede einzelne Lösung ist 1 🟡 wert.

Seite 77
4. *gegeben:* p = 8,75 %   *gesucht:* Z
          K = 1 800 DM   🟡🟡
          t = 4 Monate
a) *Ansatz:*   Zinsformel

$$Z = \frac{1\,800\,DM \cdot 8,75 \cdot 4}{1\,200} = 52,50\,DM$$

b) 1 800 DM + 52,50 DM = 1 852,50 DM
Lösung:
  a) Herr Keller muß 52,50 DM Zinsen an die
     Werkstatt bezahlen.
  b) Die Rechnung ist auf 1 852,50 DM
     gestiegen.

5. *gegeben:* K; p; t   *gesucht:* Z
Ansatz: Zinsformel

$$Z = \frac{K \cdot p \cdot t}{36\,000} \text{ für t = Tage}$$

Lösung:
a) Vom 12. 5. bis 22. 8. sind es 100 Tage.
   ⇒ Z = 178,36 DM
b) Vom 8. 10. bis 14. 11. sind es 36 Tage.
   ⇒ Z = 191,10 DM
c) Vom 14. 2. bis 6. 4. sind es 52 Tage.
   ⇒ Z = 391,69 DM

d) Vom 3. 6. bis 27. 7. sind es 54 Tage.
   ⇒ Z = 2 028,75 DM
e) Vom 16. 11. bis 4. 12. sind es 18 Tage.
   ⇒ Z = 507,50 DM
f) Vom 7. 8. bis 13. 9. sind es 36 Tage.
   ⇒ Z = 480,75 DM
Jede einzelne Lösung ist 1 🟡 wert.

6. *gegeben:* p = 12,25 %   *gesucht:* Z
          K$_1$ = 4 200 DM   🟡🟡🟡
          K$_2$ = 2 800 DM
Vom 20. 2. bis 16. 3. sind es 26 Tage.
Vom 16. 3. bis 12. 5. sind es 56 Tage.
Ansatz: Zinsformel

$$Z = \frac{4\,200\,DM \cdot 12,25 \cdot 26}{36\,000} \approx 37,16\,DM$$

4 200 DM + 2 800 DM = 7 000 DM

$$Z = \frac{7\,000\,DM \cdot 12,25 \cdot 56}{36\,000} \approx 133,39\,DM$$

37,16 DM + 133,39 = 170,55 DM
Lösung: Die Überziehungszinsen
          betragen 170,55 DM

Wir berechnen den Zinssatz

Seite 80
1. *gegeben:* K; Z; t   *gesucht:* p
Ansatz: Zinsformel

$$p = \frac{Z \cdot 100}{K \cdot t} \text{ für t = Jahre}$$

Lösung:
a) 5 %   b) 6,25 %   c) 3 %
d) 3,8 %   e) 4,5 %   f) 2,8 %
Jede einzelne Lösung ist 1 🟡 wert.

2. *gegeben:* K = 1 000 DM   *gesucht:* p
          Z = 411,60 DM   🟡
          t = 7 Jahre
Ansatz: Zinsformel

$$p = \frac{411,60\,DM \cdot 100}{1\,000\,DM \cdot 7} = 5,88\,\%$$

Lösung: Die Wertpapiere wurden zu
          5,88 % verzinst.

3. *gegeben:* K; Z; t   *gesucht:* p
Ansatz: Zinsformel

$$p = \frac{Z \cdot 1\,200}{K \cdot t} \text{ für t = Monate}$$

$$p = \frac{Z \cdot 36\,000}{K \cdot t} \text{ für t = Tage}$$

Lösung:
a) 7,5 %   b) 5,5 %   c) 14,8 %
d) 8,4 %   e) 11,25 %   f) 10,5 %
Jede einzelne Lösung ist 1 wert

Seite 81
4. *gegeben:* Z = 364,65 DM   *gesucht:* p
        K = 28 600 DM
t = 78 Tage + 30 Tage = 108 Tage
Ansatz: Zinsformel

$$p = \frac{364,65 \text{ DM} \cdot 36\,000}{28\,600 \text{ DM} \cdot 108} = 4,25\,\%$$

Lösung: Die Wertpapiere wurden mit
        4,25 % verzinst.

5. *gegeben:* Z = 400 DM   *gesucht:* p
        K = 25 000 DM
        t = 1 Monat
Ansatz: Zinsformel

$$p = \frac{400 \text{ DM} \cdot 1\,200}{25\,000 \cdot 1} = 19,2\,\%$$

Lösung:
a) Der Zinssatz beträgt 19,2 % **im Monat!**
b) Für diesen Kredit wären **ohne** Tilgung
   19,2 % **„Wucherzinsen"** bezahlen.

6. *gegeben:* K; Z; t   *gesucht:* p
Ansatz: Zinsformel

$$p = \frac{Z \cdot 36\,000}{K \cdot t} \text{ für t = Tage}$$

Lösung:
a) Z = 2 887,05 DM – 2 850 DM = 37,05 DM
    Vom 6. 6. bis 18. 8. sind es 72 Tage.
    ⇒ p = 6,5 %
b) Z = 1 766,68 DM – 1 740 DM = 26,68 DM
    Vom 23. 8. bis 18. 12. sind es 115 Tage.
    ⇒ p = 4,8 %

c) Z = 4 987,90 DM – 4 960 DM = 27,90 DM
    Vom 19. 5. bis 13. 7. sind es 54 Tage.
    ⇒ p = 3,75 %
d) Z = 5 487,58 DM – 5 320 DM = 167,58 DM
    Vom 5. 1. bis 11. 8. sind es 216 Tage.
    ⇒ p = 5,25 %
e) Z = 1 171,04 DM – 1 126 DM = 45,04 DM
    Vom 16. 2. bis 1. 10. sind es 225 Tage.
    ⇒ p = 6,4 %
f) Z = 4 049,40 DM – 3 970 DM = 79,40 DM
    Vom 11. 3. bis 26. 5. sind es 75 Tage.
    ⇒ p = 9,6 %
Jede einzelne Lösung ist 1 wert.

Wir berechnen das Kapital

Seite 84
1. *gegeben:* Z; p; t   *gesucht:* K
Ansatz: Zinsformel

$$K = \frac{Z \cdot 100}{p \cdot t} \text{ für t = Jahre}$$

Lösung:
a) 1 450 DM; 2 830 DM; 3 120 DM
b) 12 300 DM; 19 700 DM; 18 350 DM
c) 890 DM; 725 DM; 340 DM
d) 11 640 DM; 14 910 DM; 26 300 DM
Jede einzelne Lösung ist 1 wert.

2. *gegeben:* Z = 3 686 DM   *gesucht:* K
        p = 11,64 %
        t = 38 Monate
Ansatz: Zinsformel

$$K = \frac{3\,686 \text{ DM} \cdot 1\,200}{11,64 \cdot 38} = 10\,000 \text{ DM}$$

Lösung: Die Kreditsumme beträgt
        10 000 DM.

3. *gegeben:* Z; p; t   *gesucht:* K
Ansatz: Zinsformel

$$K = \frac{Z \cdot 1\,200}{p \cdot t} \text{ für t = Monate}$$

$$K = \frac{Z \cdot 36\,000}{p \cdot t} \text{ für t = Tage}$$

Lösung: a) 2 700 DM b) 5 400 DM
c) 3 450 DM d) 1 800 DM
e) 4 760 DM f) 6 370 DM
Jede einzelne Lösung ist 1 ⬤ wert.

Seite 85

4. *gegeben:* p = 4,25 %   *gesucht:* K
Z = 382,50 DM   ⬤ ⬤
Vom 30. 3. bis 30. 12. sind es 9 Monate.
Ansatz: Zinsformel

$$K = \frac{382,50 \text{ DM} \cdot 1200}{4,25 \cdot 9} = 12\,000 \text{ DM}$$

Lösung: Herr Frenzen konnte sich über
einen Lottogewinn von
12 000 DM freuen.

5. *gegeben:* Z = 21,60 DM   *gesucht:* K
p = 3,6 %   ⬤ ⬤
Vom 3. 1. bis 18. 8. sind es 225 Tage.
Ansatz: Zinsformel

$$K = \frac{21,60 \text{ DM} \cdot 36\,000}{3,6 \cdot 225} = 960 \text{ DM}$$

Lösung: Am 3. Januar zahlte Ingrid
960 DM auf ihr Sparbuch ein.

6. *gegeben:* Z; p; t   *gesucht:* K
Ansatz: Zinsformel

$$K = \frac{Z \cdot 36\,000}{p \cdot t} \text{ für t = Tage}$$

Lösung:
a) Vom 12. 1. bis 4. 3. sind es 52 Tage.
⇒ K = 7 280 DM
b) Vom 8. 3. bis 8. 9. sind es 180 Tage.
⇒ K = 6 170 DM
c) Vom 10. 7. bis 8. 12. sind es 148 Tage.
⇒ K = 3 960 DM
d) Vom 17. 5. bis 1. 9. sind es 104 Tage.
⇒ K = 12 790 DM
e) Vom 5. 6. bis 29. 10. sind es 144 Tage.
⇒ K = 26 350 DM
f) Vom 23. 8. bis 23. 11. sind es 90 Tage.
⇒ K = 35 640 DM
Jede einzelne Lösung ist 1 ⬤ wert.

Wir berechnen die Zeit

Seite 88

1. *gegeben:* K; Z; p   *gesucht:* t
Ansatz: Zinsformel

$$t = \frac{Z \cdot 100}{K \cdot p} \text{ für t = Jahre}$$

Lösung:
a) 6 Jahre b) 2 Jahre c) 1 Jahr
d) 8 Jahre e) 7 Jahre f) 10 Jahre
Jede einzelne Lösung ist 1 ⬤ wert.

2. *gegeben:* p = 5,5 %   *gesucht:* t
K = 15 000 DM   ⬤
Z = 6 600 DM
Ansatz: Zinsformel

$$t = \frac{6\,600 \text{ DM} \cdot 100}{15\,000 \text{ DM} \cdot 5,5} = 8 \text{ Jahre}$$

Lösung: Die 15 000 DM müßten für
8 Jahre angelegt werden.

3. *gegeben:* K; Z; p   *gesucht:* t
Ansatz: Zinsformel

$$t = \frac{Z \cdot 1200}{K \cdot p} \text{ für t = Monate}$$

Lösung:
a) 4 Mon. b) 20 Mon. c) 16 Mon.
d) 5 Mon. e) 30 Mon. f) 28 Mon.
Jede einzelne Lösung ist 1 ⬤ wert.

Seite 89

4. *gegeben:* K; Z; p   *gesucht:* t
Ansatz: Zinsformel

$$t = \frac{Z \cdot 36\,000}{K \cdot p} \text{ für t = Tage}$$

Lösung:
a) 32 Tage b) 100 Tage c) 120 Tage
d) 45 Tage e) 240 Tage f) 72 Tage
Jede einzelne Lösung ist 1 ⬤ wert.

5. *gegeben:* p = 6 %   *gesucht:* t
K = 3 180 DM   ⬤ ⬤
Z = 3 498 DM – 3 180 DM = 318 DM

Ansatz: Zinsformel

$$t = \frac{318\,DM \cdot 36\,000}{3\,180\,DM \cdot 6} = 600\ \text{Tage}$$

600 Tage : 30 = 20 Monate

Lösung: In 20 Monaten kann sich Julia einen neuen Motorroller kaufen.

6. *gegeben:* K; Z; p   *gesucht:* t

Ansatz: Zinsformel

$$t = \frac{Z \cdot 36\,000}{K \cdot p} \ \text{für}\ t = \text{Tage}$$

a) t = 270 Tage ⟹ 270 Tage : 30 = 9 Monate
b) t = 96 Tage
c) t = 180 Tage ⟹ 180 Tage : 30 = 6 Monate
d) t = 720 Tage ⟹ 720 Tage : 360 = 2 Jahre
e) t = 1 050 Tage ⟹ 1 050 Tage : 30 = 35 Monate
f) t = 2 880 Tage ⟹ 2 880 Tage : 360 = 8 Jahre

Jede einzelne Lösung ist 1 🟠 wert.

7. *gegeben:* p = 6,75 %   *gesucht:* t 🟠🟠🟠
        K = 158 600 DM
        Z = 9 753,90 DM

Ansatz: Zinsformel

$$t = \frac{9\,753,90\,DM \cdot 36\,000}{158\,600\,DM \cdot 6,75} = 328\ \text{Tage}$$

Vom 2. 2. bis 30. 12. sind es 328 Tage.

Lösung: Am 2. Februar zahlte der Geschäftsmann die Summe auf sein Konto ein.

Zinseszinsrechnung

Seite 92

1. *gegeben:* K_0; p; n   *gesucht:* K_n

Ansatz: Zinseszinsformel

$$K_n = K_0 \cdot \left(1 + \frac{p}{100}\right)^n \ \text{für}\ n = t = \text{Jahre}$$

Lösung:
a) ≈ 506,71 DM; 926,10 DM; ≈ 789,56 DM
b) ≈ 19 671,07 DM; ≈ 105 709,35 DM; ≈ 42 996,97 DM

c) ≈ 3 492,48 DM; ≈ 6 917,54 DM; ≈ 9 904,98 DM
d) ≈ 209 784,56 DM; 354 049,34 DM; ≈ 508 007,81 DM

Jede einzelne Lösung ist 1 🟠 wert.

2. *gegeben:* p = 5,75 %   *gesucht:* K_n
        K_0 = 50 000 DM   🟠
        n = 4 Jahre

Frage: Wie hoch ist das Endkapital?

Ansatz: Zinseszinsformel

$$K_4 = 50\,000\,DM \cdot \left(1 + \frac{5,75}{100}\right)^4 \approx 62\,530,44\,DM$$

Lösung: Nach 4 Jahren beträgt das Kapital rund 62 530,44 DM.

3. *gegeben:* p = 6,4 %   *gesucht:* K_n
        K_0 = 5 000 DM   🟠
        n = 18 Jahre

Frage: Über welchen Betrag kann sich Marion jetzt freuen?

Ansatz: Zinseszinsformel

$$K_{18} = 5\,000\,DM \cdot \left(1 + \frac{6,4}{100}\right)^{18} \approx 15\,272,82\,DM$$

Lösung: An ihrem 18. Geburtstag bekommt Marion 15 272,82 DM geschenkt.

4. *gegeben:* K_0; p; n   *gesucht:* K_n

Ansatz: Zinseszinsformel

$$K_n = K_0 \cdot \left(1 + \frac{p}{100}\right)^n \ \text{für}\ n = t = \text{Jahre}$$

Lösung:
a) ≈ 614,13 DM   b) ≈ 14 784,98 DM
c) ≈ 335 059,06 DM   d) ≈ 57 420,40 DM
e) ≈ 909,87 DM   f) ≈ 232 102,52 DM

Jede einzelne Lösung ist 1 🟠 wert.

Seite 93

5. *gegeben:* p = 4,25 %   *gesucht:* K_n
        n = 6 Jahre   🟠🟠
        K_0 = 500 DM + 350 DM + 820 DM
        K_0 = 1 670 DM

Ansatz: Zinseszinsformel

a) $K_6 = 1\,670\,\text{DM} \cdot \left(1 + \frac{4{,}25}{100}\right)^6 \approx 2\,143{,}74\,\text{DM}$

b) $2\,143{,}74\,\text{DM} - 1\,670\,\text{DM} = 473{,}74\,\text{DM}$
Lösung:
a) Der Sparbuchinhaber kann über eine Summe von 2 143,74 DM verfügen.
b) Der Zinsgewinn beträgt 473,74 DM.

6. *gegeben:* p = 10 %   *gesucht:* t
$K_0 = 10\,000\,\text{DM}$
$K_n \geqq 20\,000\,\text{DM}$
Ansatz: Zinseszinsformel

$K_8 = 10\,000\,\text{DM} \cdot \left(1 + \frac{10}{100}\right)^8 \approx 21\,435{,}89\,\text{DM}$

Lösung: Nach 8 Jahren hat sich das Anfangskapital verdoppelt.

7. *gegeben:* p = 7,75 %
$K_0 = 25\,000\,\text{DM}$
t = n = 4 Jahre
gesucht: K_n; Z
Ansatz **(Unternehmer 1):**
Zinsformel

$Z = \frac{25\,000\,\text{DM} \cdot 7{,}75 \cdot 4}{100} = 7\,750\,\text{DM}$

Ansatz **(Unternehmer 2):**
Zinseszinsformel

$K_4 = 25\,000\,\text{DM} \cdot \left(1 + \frac{7{,}75}{100}\right)^4 \approx 33\,698{,}39\,\text{DM}$

$Z = 33\,698{,}39\,\text{DM} - 25\,000\,\text{DM}$
$= 8\,698{,}39\,\text{DM}$

Lösung:
Unternehmer 1 erhält insgesamt 7 750 DM, wenn er sich die Zinsen jeweils am Jahresende auszahlen läßt.
Unternehmer 2 hat nach 4 Jahren 8 698,39 DM Zinsen erzielt.

Seite 96

1. *gegeben:* p = 3,5 %   *gesucht:* Z
K = 1 650 DM
t = 8 Monate
Ansatz: Zinsformel

$Z = \frac{1\,650\,\text{DM} \cdot 3{,}5 \cdot 8}{1\,200} = 38{,}50\,\text{DM}$

Lösung: Kathrin erhält von ihrer Bank 38,50 DM Zinsen.

2. *gegeben:* t = 5 Jahre   *gesucht:* p
K = 20 000 DM
Z = 11 530 DM
Ansatz: Zinsformel

$p = \frac{11\,530\,\text{DM} \cdot 100}{20\,000\,\text{DM} \cdot 5} = 11{,}53\,\%$

Lösung: Der Kredit wurde zu einem Zinssatz von 11,53 % abgeschlossen.

3. *gegeben:* p = 10,95 %   *gesucht:* t
K = 80 000 DM
Z = 13 140 DM
Ansatz: Zinsformel

$t = \frac{13\,140\,\text{DM} \cdot 36\,000}{80\,000\,\text{DM} \cdot 10{,}95} = 540\,\text{Tage}$

540 Tage : 30 = 18 Monate
Lösung: Die Laufzeit des Kredits betrug 18 Monate.

4. *gegeben:* p = 5,75 %   *gesucht:* Z
K = 14 800 DM
t = 6 Jahre
Ansatz: Zinsformel

$Z = \frac{14\,800\,\text{DM} \cdot 5{,}75 \cdot 6}{100} = 5\,106\,\text{DM}$

Lösung: Das Kapital bringt in 6 Jahren 5 106 DM Zinsen.

Seite 97

5. *gegeben:* p = 10 %   *gesucht:* K

        Z = 42 000 DM

        t = 1 Jahr

Ansatz: Zinsformel

$$K = \frac{42\,000\ \text{DM} \cdot 100}{10 \cdot 1} = 420\,000\ \text{DM}$$

Lösung: Hellen müßte über ein Kapital von 420 000 DM verfügen.

6. *gegeben:* K; Z; p   *gesucht:* t

Ansatz: Zinsformel

$$t = \frac{Z \cdot 1200}{K \cdot p}\ \text{für t = Monate}$$

Lösung:

a) 10 Mon.   b) 35 Mon.   c) 20 Mon.

d) 8 Mon.   e) 24 Mon.   f) 6 Mon.

Jede einzelne Lösung ist 1 🟠 wert.

7. *gegeben:* p = 12,2 %   *gesucht:* Z

        K = 7 000 DM

        t = 60 Monate

Frage: Wieviel Zinsen müssen für den Kredit gezahlt werden?

Ansatz: Zinsformel

$$Z = \frac{7\,000\ \text{DM} \cdot 12,2 \cdot 60}{1200} = 4\,270\ \text{DM}$$

Lösung: Die Zinsen betragen 4 270 DM.

8. *gegeben:* Z; p; t   *gesucht:* K

Ansatz: Zinsformel

$$K = \frac{Z \cdot 100}{p \cdot t}\ \text{für t = Jahre}$$

$$K = \frac{Z \cdot 1200}{p \cdot t}\ \text{für t = Monate}$$

$$K = \frac{Z \cdot 36\,000}{p \cdot t}\ \text{für t = Tage}$$

Lösung:

a) 8 190 DM b) 6 378 DM c) 10 680 DM

d) 2 554 DM e) 756 DM   f) 4 000 DM

Jede einzelne Lösung ist 1 🟠 wert.

Seite 98

9. *gegeben:* p = 5,75 %   *gesucht:* t

        K = 3 000 DM

        Z = 86,25 DM

Frage: Mit welcher Laufzeit wurde der Sparvertrag abgeschlossen?

Ansatz: Zinsformel

$$t = \frac{86,25\ \text{DM} \cdot 1200}{3\,000\ \text{DM} \cdot 5,75} = 6\ \text{Monate}$$

Lösung: Das Guthaben wurde für 6 Monate angelegt.

10. *gegeben:* K; Z; t   *gesucht:* p

Ansatz: Zinsformel

$$p = \frac{Z \cdot 100}{K \cdot t}\ \text{für t = Jahre}$$

$$p = \frac{Z \cdot 1200}{K \cdot t}\ \text{für t = Monate}$$

$$p = \frac{Z \cdot 36\,000}{K \cdot t}\ \text{für t = Tage}$$

Lösung:

a) 4,68 %   b) 7,75 %   c) 3,8 %

d) 6,25 %   e) 12,25 %   f) 6 %

Jede einzelne Lösung ist 1 🟠 wert.

11. *gegeben:* p = 8,9 %   *gesucht:* K

        Z = 124,60 DM

        t = 2 Monate

Ansatz: Zinsformel

$$K = \frac{124,60\ \text{DM} \cdot 1200}{8,9 \cdot 2} = 8\,400\ \text{DM}$$

Lösung: Die fällige Rechnung beträgt 8 400 DM.

12. *gegeben:* p = 5,31 %   *gesucht:* K_n

        K_0 = 25 000 DM

        n = 20 Jahre

Ansatz: Zinseszinsformel

$$K_{20} = 25\,000\ \text{DM} \cdot \left(1 + \frac{5,31}{100}\right)^{20} \approx 70\,361,04\ \text{DM}$$

Lösung: Heute beträgt das Vermögen 70 361,04 DM.

Seite 99

13. *gegeben:* K; p; t   *gesucht:* Z

   Ansatz: Zinsformel

$$Z = \frac{K \cdot p \cdot t}{100} \quad \text{für } t = \text{Jahre}$$

$$Z = \frac{K \cdot p \cdot t}{1\,200} \quad \text{für } t = \text{Monate}$$

$$Z = \frac{K \cdot p \cdot t}{36\,000} \quad \text{für } t = \text{Tage}$$

  a) 154,80 DM; 1 452 DM; 2 326,50 DM
  b) 2 361,80 DM; 950,95 DM; 1 125,60 DM
  c) 14,85 DM; 9,62 DM; 126,96 DM
  d) 42 806,40 DM; 38 607,30 DM;
     7 394,66 DM
  Jede einzelne Lösung ist 1 ● wert.

14. *gegeben:*   K = 700 DM   *gesucht:* p
              Z = 5,11 DM
              t = 18 Tage
  Ansatz: Zinsformel

$$p = \frac{5,11\ \text{DM} \cdot 36\,000}{700\ \text{DM} \cdot 18} = 14,6\,\%$$

  Lösung: Das Konto wurde mit einem
              Zinssatz von 14,6 % überzogen.

15. *gegeben:*   K = 2 DM   *gesucht:* p
              Z = 3 DM – 2 DM = 1 DM
              t = 3 Tage
  Ansatz: Zinsformel

$$p = \frac{1\ \text{DM} \cdot 36\,000}{2\ \text{DM} \cdot 3} = 6\,000\,\%$$

  Lösung: Der Zinssatz von Jürgens Ange-
              bot beträgt 6 000 %!

16. *gegeben:* K; Z; p   *gesucht:* t
  Ansatz: Zinsformel

$$t = \frac{Z \cdot 36\,000}{K \cdot p} \quad \text{für } t = \text{Tage}$$

  Lösung:
  a) 225 Tage   b) 48 Tage   c) 50 Tage
  d) 36 Tage   e) 80 Tage   f) 105 Tage
  Jede einzelne Lösung ist 1 ● wert.

Seite 100

17. *gegeben:* K; p; t   *gesucht:* Z

   Ansatz: Zinsformel

$$Z = \frac{K \cdot p \cdot t}{36\,000} \quad \text{für } t = \text{Tage}$$

  Lösung:
  a) Vom 3. 7. bis 7. 9. sind es 64 Tage.
    ⇒ Z = 359,40 DM
  b) Vom 14. 9. bis 9. 11. sind es 55 Tage.
    ⇒ Z = 2 844,60 DM
  c) Vom 22. 10. bis 10. 11. sind es 18 Tage.
    ⇒ Z = 2 655,80 DM
  d) Vom 30. 3. bis 15. 6. sind es 75 Tage.
    ⇒ Z = 438,94 DM
  e) Vom 10. 4. bis 30. 8. sind es 140 Tage.
    ⇒ Z = 1 052,94 DM
  f) Vom 19. 6. bis 9. 7. sind es 20 Tage.
    ⇒ Z = 545 DM
  Jede einzelne Lösung ist 1 ● wert.

18. *gegeben:*   K = 4 000 DM   *gesucht:* Z
  Bank A: p = 9,58; t = 48 Monate
  Ansatz: Zinsformel

$$Z = \frac{4\,000\ \text{DM} \cdot 9,58 \cdot 48}{1\,200} = 1\,532,80\ \text{DM}$$

  Bank B: p = 12,2; t = 36 Monate
  Ansatz: Zinsformel

$$Z = \frac{4\,000\ \text{DM} \cdot 12,2 \cdot 36}{1\,200} = 1\,464\ \text{DM}$$

> *Lösung:*
> Familie Rolfes sollte
> sich für das Angebot der
> Bank B entscheiden.

19.

Kapital (DM)	1 790	**31 900**	**15 000**	5 260	2 050	840
Zinssatz	**2,9 %**	5,25 %	12,4 %	**3,5 %**	7,8 %	**14,6 %**
Jahreszinsen	51,91	**1 674,75**	1 860,00	**184,10**	**159,90**	122,64
Zeit	**6 Jahre**	24 Tage	**8 Monate**	18 Monate	72 Tage	20 Monate
Zinsen (DM)	311,46	111,65	1 240,00	276,15	**31,98**	**204,40**

Jede einzelne Lösung ist 1  wert.

Seite 101

20. *gegeben:* p = 5,5 %   *gesucht:* Z
          K = 1 200 DM

Vom 6. 3. bis 30. 12. sind es 294 Tage.

Ansatz: Zinsformel

$$Z = \frac{1200 \text{ DM} \cdot 5,5 \cdot 294}{36\,000} = 53,90 \text{ DM}$$

1 200 DM + 53,90 DM = 1 253,90 DM
1 253,90 DM < 1 400 DM

Lösung: Christophs Geld reicht *nicht* aus.

Seite 102

23. *gegeben:* p = 4 %   *gesucht:* K_n
          K_0 = 25 M

Von 1892 bis 1996 sind es 104 Jahre.

Ansatz: Zinseszinsformel

$$K_{104} = 25 \text{ M} \cdot \left(1 + \frac{4}{100}\right)^{104} \approx 1\,477,09 \text{ M}$$

Lösung: Das Vermögen betrüge heute
          1 477,09 Mark.

21.

Kapital (DM)	5 380	2 750	**10 200**	6 790	8 850	**12 800**
Zinssatz	3,5 %	**5,8 %**	4,75 %	7,2 %	8,4 %	6,8 %
Jahreszinsen	**188,30**	159,50	**484,50**	**488,88**	**743,40**	**870,40**
Zeit	18 Mon.	72 Tg	4 J.	**35 Mon.**	**72 Tg.**	45 Tg.
Zinsen (DM)	**282,45**	**31,90**	1 938,00	1 425,90	148,68	108,80

Jede einzelne Lösung ist 1  wert.

22. *gegeben:* K = 500 DM; Z; t
gesucht: p
Ansatz: Zinsformel

$$p = \frac{Z \cdot 100}{K \cdot t} \quad \text{für t = Jahre}$$

Lösung:

t	2 Jahre	4 Jahre	6 Jahre
Z	77,50 DM	170 DM	270 DM
p	**7,75 %**	**8,5 %**	**9 %**

Jede einzelne Lösung ist 1  wert.

24. *gegeben:* K; Z; p   *gesucht:* t
Ansatz: Zinsformel

$$t = \frac{Z \cdot 36\,000}{K \cdot p} \quad \text{für t = Tage}$$

a) t = 90 Tage
    ⇒ 90 Tage : 30 = 3 Monate
b) t = 1 440 Tage
    ⇒ 1 440 Tage : 360 = 4 Jahre
c) t = 450 Tage
    ⇒ 450 Tage : 30 = 15 Monate

139

d) $t = 48$ Tage
e) $t = 120$ Tage
   $\Rightarrow 120$ Tage $: 30 = 4$ Monate
f) $t = 1\,800$ Tage
   $\Rightarrow 1\,800$ Tage $: 360 = 5$ Jahre
   Jede einzelne Lösung ist 1 🟠 wert.

25. *gegeben:* $p = 11,25\,\%$ *gesucht:* Z
         $K = 60\,000$ DM   🟠 🟠
         $t = 9$ Monate
Ansatz: Zinsformel

$$Z = \frac{60\,000 \text{ DM} \cdot 11,25 \cdot 9}{1\,200} = 5\,062,50 \text{ DM}$$

$60\,000$ DM $+ 5\,062,50$ DM $= 65\,062,50$ DM
Lösung: Der Unternehmer muß
            $65\,062,50$ DM erstatten.

Seite 103

26. *gegeben:* $p = 12,25\,\%$ *gesucht:* Z
         $K = 9\,000$ DM   🟠 🟠 🟠
Vom 23. 6. bis 25. 7. sind es 32 Tage.
Ansatz: Zinsformel

$$Z = \frac{9\,000 \text{ DM} \cdot 12,25 \cdot 32}{36\,000} = 98 \text{ DM}$$

$14\,600$ DM $- 9\,000$ DM $- 98$ DM $= 5\,502$ DM
Lösung: Der Kontostand beträgt $5\,502$ DM.

27. *gegeben:* K; Z; t   *gesucht:* p
Ansatz: Zinsformel

$$p = \frac{Z \cdot 36\,000}{K \cdot t} \text{ für } t = \text{Tage}$$

a) $Z = 1\,500,43$ DM $- 1\,490$ DM $= 10,43$ DM
   Vom 17. 6. bis 27. 8. sind es 70 Tage.
   $\Rightarrow p = 3,6\,\%$
b) $Z = 5\,291,56$ DM $- 5\,260$ DM $= 31,56$ DM
   Vom 8. 4. bis 18. 5. sind es 40 Tage.
   $\Rightarrow p = 5,4\,\%$
c) $Z = 8\,249,24$ DM $- 8\,130$ DM $= 119,24$ DM
   Vom 25. 10. bis 29. 12. sind es 64 Tage.
   $\Rightarrow p = 8,25\,\%$
d) $Z = 704,13$ DM $- 700$ DM $= 4,13$ DM
   Vom 19. 1. bis 1. 4. sind es 72 Tage.
   $\Rightarrow p = 2,95\,\%$

e) $Z = 4\,071,54$ DM $- 5\,980$ DM $= 91,54$ DM
   Vom 3. 3. bis 7. 9. sind es 184 Tage.
   $\Rightarrow p = 4,5\,\%$
f) $Z = 4\,719,75$ DM $- 4\,650$ DM $= 69,75$ DM
   Vom 21. 7. bis 11. 10. sind es 80 Tage.
   $\Rightarrow p = 6,75\,\%$
   Jede einzelne Lösung ist 1 🟠 wert.

28. *gegeben:* $p = 5,6\,\%$ *gesucht:* K
         $Z = 1\,075,20$ DM   🟠 🟠 🟠
         $t = 1$ Jahr
Ansatz: Zinsformel

a) $K = \dfrac{1\,075,20 \cdot 100}{5,6} = 19\,200$ DM

b) $19\,200$ DM $: 12 = 1\,600$ DM
Lösung:
a) Der Vertreter konnte auf ein Guthaben
    von $19\,200$ DM zurückgreifen.
b) Durchschnittlich wurden pro Monat
    $1\,600$ DM eingezahlt.

Seite 104

29. *gegeben:* $K = 3\,000$ DM
      t: Vom 15. 6. bis 15. 11. sind es 5 Monate.
      Z: 444 DM $- 280$ DM $= 164$ DM
gesucht: p   🟠 🟠 🟠
Frage: Zu welchem Zinssatz wurde der
           Schuldschein verzinst?
Ansatz: Zinsformel

$$p = \frac{164 \text{ DM} \cdot 1\,200}{3\,000 \text{ DM} \cdot 5} = 13,12\,\%$$

Lösung: Der Schuldschein wurde zu
            $13,12\,\%$ verzinst.

30. *gegeben:* Z; p; t   *gesucht:* K
Ansatz: Zinsformel

$$K = \frac{Z \cdot 36\,000}{p \cdot t} \text{ für } t = \text{Tage}$$

Lösung:
a) Vom 21. 5. bis 21. 9. sind es 120 Tage.
    $\Rightarrow K = 9\,000$ DM
b) Vom 19. 3. bis 9. 6. sind es 80 Tage.
    $\Rightarrow K = 4\,278$ DM

c) Vom 7. 4. bis 25. 10. sind es 198 Tage.
 ⇒ K = 10 000 DM

d) Vom 6. 2. bis 15. 8. sind es 189 Tage.
 ⇒ K = 6 200 DM

e) Vom 10. 9. bis 22. 11. sind es 72 Tage.
 ⇒ K = 12 950 DM

f) Vom 2. 6. bis 11. 7. sind es 39 Tage.
 ⇒ K = 72 960 DM
 Jede einzelne Lösung ist 1 🟡 wert.

31. *gegeben:* p = 4,8 %   *gesucht:* t
 K = 690 DM   🟡🟡🟡
 Z = 701,50 DM – 690 DM = 11,50 DM
 Ansatz: Zinsformel

$$t = \frac{11,50 \text{ DM} \cdot 36\,000}{690 \text{ DM} \cdot 4,8} = 125 \text{ Tage}$$

 Vom 10. 3. bis 15. 7. sind es 125 Tage.
 Lösung: Der Einzahlungstag war der
         10. März.

Seite 105

32. *gegeben:* K; p; t   *gesucht:* Z
 Ansatz: Zinsformel

$$Z = \frac{K \cdot p \cdot t}{1\,200} \text{ für } t = \text{Monate}$$

 Lösung:

a) ⇒ Z = 175 DM

 $$\Rightarrow \text{Gebühr} = \frac{1,5 \cdot 2\,000 \text{ DM}}{100} = 30 \text{ DM}$$

 ⇒ Kosten = 205 DM

b) ⇒ Z = 630 DM

 $$\Rightarrow \text{Gebühr} = \frac{2 \cdot 5\,000 \text{ DM}}{100} = 100 \text{ DM}$$

 ⇒ Kosten = 730 DM

c) ⇒ Z = 4 464 DM

 $$\Rightarrow \text{Gebühr} = \frac{3,5 \cdot 18\,000 \text{ DM}}{100} = 630 \text{ DM}$$

 ⇒ Kosten = 5 814 DM (inkl. Provision)

d) ⇒ Z = 256 DM

 $$\Rightarrow \text{Gebühr} = \frac{1,5 \cdot 4\,000 \text{ DM}}{100} = 60 \text{ DM}$$

 ⇒ Kosten = 316 DM

e) ⇒ Z = 9 520 DM

 $$\Rightarrow \text{Gebühr} = \frac{2 \cdot 20\,000 \text{ DM}}{100} = 400 \text{ DM}$$

 ⇒ Kosten = 10 920 DM (inkl. Provision)

f) ⇒ Z = 18 300 DM

 $$\Rightarrow \text{Gebühr} = \frac{4 \cdot 30\,000 \text{ DM}}{100} = 1\,200 \text{ DM}$$

 ⇒ Kosten = 21 300 DM (inkl. Provision)
 Jede einzelne Lösung ist 1 🟡 wert.

33. *gegeben:* K = 10 000 DM   🟡🟡🟡
         Z = 1 470 DM
 Vom 1. 4. bis 1. 7. des darauffolgenden
 Jahres sind es 15 Monate.
 gesucht: p

$$p = \frac{1\,470 \text{ DM} \cdot 1\,200}{10\,000 \text{ DM} \cdot 15} = 11,76 \,\%$$

 Lösung: Das Darlehen wurde zu
         11,76 % verzinst.

34. *gegeben:* p = 6,5 %   🟡🟡🟡
 5 · 4 000 DM = 20 000 DM
 10 · 1 000 DM = 10 000 DM
 ⇒ Z = 30 000 DM + 2 500 DM
 Z = 32 500 DM
 gesucht: Stiftungskapital

$$K = \frac{32\,500 \text{ DM} \cdot 100}{6,5 \cdot 1} = 500\,000 \text{ DM}$$

 Lösung: Das Stiftungskapital beträgt
         500 000 DM.

Promillerechnung

Seite 108

1. *gegeben:* G; p   *gesucht:* W
 Ansatz: Promilleformel

$$W = \frac{G \cdot p}{1\,000}$$

 Lösung:
 a) 0,52 ml; 0,3 ml; 0,625 ml
 b) 0,18 mg; 6,15 mg; 1,35 mg
 c) 4 167 DM; 588,90 DM; 1 782,20 DM
 Jede einzelne Lösung ist 1 🟡 wert.

2. *gegeben:* p = 8,6 ‰   *gesucht:* W
       G = 25 000 DM

Ansatz: Promilleformel

$$W = \frac{25\,000\ DM \cdot 8,6}{1\,000} = 215\ DM$$

Lösung: Der Bauer müßte 215 DM an
           die Versicherung überweisen.

3. *gegeben:* p = 3,6 ‰   *gesucht:* W
       G = 250 000 DM

Frage: Wie hoch ist die Jahresprämie?
Ansatz: Promilleformel

$$W = \frac{250\,000\ DM \cdot 3,6}{1\,000} = 900\ DM$$

Lösung: Die Jahresprämie beträgt 900 DM.

Seite 109

4. *gegeben:* G; W   *gesucht:* p
Ansatz: Promilleformel

$$p = \frac{W \cdot 1\,000}{G}$$

Lösung:
a) 9 ‰; 3 ‰; 1,8 ‰
b) 8,2 ‰; 1,5 ‰; 3,8 ‰
c) 3,9 ‰; 4,5 ‰; 6,2 ‰
d) 9,6 ‰; 3 ‰; 5 ‰
Jede einzelne Lösung ist 1 🟡 wert.

5. *gegeben:* G = 478 000 DM
       W = 1 720,80 DM

gesucht: p
Ansatz: Promilleformel

$$p = \frac{1\,720,80\ DM \cdot 1\,000}{478\,000\ DM} = 3,6\ ‰$$

Lösung: Herr Schmitz ist mit 3,6 ‰ am
           Umsatz beteiligt.

6. *gegeben:* G = 358 000 DM
       W = 3 043 DM

Frage: Mit welchem Promillesatz
           wurde die Provision berechnet?
gesucht: p
Ansatz: Promilleformel

$$p = \frac{3\,043\ DM \cdot 1\,000}{358\,000\ DM} = 8,5\ ‰$$

Lösung: Die Höhe der Provision wurde
           mit 8,5 ‰ festgesetzt.

7. *gegeben:* W; p   *gesucht:* G
Ansatz: Promilleformel

$$G = \frac{W \cdot 1\,000}{p}$$

Lösung:
a) 425 ml; 350 ml; 835 ml
b) 500 mg; 400 mg; 750 mg
c) 478 000 DM; 349 500 DM; 228 600 DM
Jede einzelne Lösung ist 1 🟡 wert.

Seite 110

8. *gegeben:* p = 12 ‰   *gesucht:* G
       W = 12 · 50 DM = 600 DM
Ansatz: Promilleformel

$$G = \frac{600\ DM \cdot 1\,000}{12} = 50\,000\ DM$$

Lösung: Die Versicherungssumme
           beträgt 50 000 DM.

9. *gegeben:* p = 3,2 ‰   *gesucht:* W
       G = 5,5 l = 5 500 ml
Ansatz: Promilleformel

$$W = \frac{5\,500\ ml \cdot 3,2}{1\,000} = 17,6\ ml$$

Lösung: Der Autofahrer hatte 17,6 ml
           Alkohol im Blut.

10.

Promillesatz	2,5 ‰	6 ‰	**4 ‰**	12,5 ‰	0,7 ‰	**1,5 ‰**
Grundwert	640	**8 100**	530	178 200	**52 000**	2 600
Promillewert	**1,6**	48,6	2,12	**2 227,5**	36,4	3,9

Jede einzelne Lösung ist 1 🟡 wert.

Seite 111

11. *gegeben:* G; p   *gesucht:* W

Ansatz: Promilleformel

goldene Brosche:

$W = \dfrac{28\ g \cdot 585}{1000} = 16{,}38\ g$

silberner Armreif:

$W = \dfrac{32\ g \cdot 850}{1000} = 27{,}2\ g$

goldener Ehering:

$W = \dfrac{12\ g \cdot 585}{1000} = 7{,}02\ g$

goldene Panzerkette:

$W = \dfrac{40\ g \cdot 333}{1000} = 13{,}32\ g$

Silberteller:

$W = \dfrac{150\ g \cdot 925}{1000} = 138{,}75\ g$

Jede einzelne Lösung ist 1  wert.

12. *gegeben:* G; W   *gesucht:* p

Ansatz: Promilleformel

1 türkisches Pfund:

$p = \dfrac{6{,}61\ g \cdot 1\,000}{7{,}21\ g} \approx 917\ ‰$

5 Rubel:

$p = \dfrac{3{,}87\ g \cdot 1\,000}{4{,}3\ g} = 900\ ‰$

1 Pfund Sterling:

$p = \dfrac{7{,}32\ g \cdot 1\,000}{7{,}98\ g} \approx 917\ ‰$

10 Schweizer Franken:

$p = \dfrac{2{,}9\ g \cdot 1\,000}{3{,}22\ g} \approx 901\ ‰$

Jede einzelne Lösung ist 1 wert.

Coole Sache – so ein Meistertitel! Ich glaube, den habe ich mir wirklich verdient.

In der Reihe FALKEN Schülerhilfe sind zahlreiche Titel erschienen.
Bitte fragen Sie in Ihrer Buchhandlung.

Dieses Buch wurde auf chlorfrei gebleichtem und säurefreiem Papier gedruckt.

Die Deutsche Bibliothek – CIP-Einheitsaufnahme

Jäckel-Steffens, Frank:
Prozent- und Zinsrechnung : 7./8. Klasse / Frank Jäckel-Steffens. –
Niedernhausen/Ts. : FALKEN, 1996
  (Schülerhilfe : Mathematik)
  ISBN 3-8068-1709-X

ISBN 3 8068 1709 X

Umschlaggestaltung: Peter Udo Pinzer
Gestaltung: Horst Bachmann
Redaktion: Winfried Schindler
Herstellung: Jürgen Domke
Titelgrafiken: Jovica Savin, Frankfurt am Main
Fotos: AKG, Berlin: 102; **Bongarts Sportfotografie**, Hamburg: 28 (R. Landwehr); **DBV Versicherun-
gen/GP**, Köln: 110; **Deutsche Bahn AG**, Berlin: 43; **dpa**, Frankfurt a. M.: 23 (Weisflog), 33 (Pan-
Asia), 34, 38 (Agence France), 64 (Sammer); **firo Sportphoto**, Essen: 83; **Bildagentur Huber/Radelt**,
Garmisch-Partenkirchen: 65; **IBM Deutschland GmbH**, Stuttgart: 39; **Loewe Opta GmbH**, Kronach:
101; **Ulrich Niehoff**, Bienenbüttel: 7, 19, 22, 29, 90 o., 97; **Armin Peither**, München: 31; **P. U. Pinzer**,
Eppstein: 6, 96, 111; **H. P. Schwarz**, Idstein: 52, 54, 79, 108; **Siemens AG Energieerzeugung (KWU)**,
Erlangen: 61; **Silvestris Fotoservice**, Kastl/Obb.: 27, 35 (Harding), 53 (NHPA), 58 (Drechsel),
59 (Wendler), 63 (A.N.T. Photo Library/D. Watts), 68 l., 80 (Kuchelbauer) 87, 89 (Kerscher)
Falken Archiv: U. Finckh: 104; Kontrast fotodesign: 68 r.; S. Layda: 21, 25; Medien-Kommunikation
T. Pehle: 77; P. U. Pinzer: 74, 82, 88, 90 u., 93; K. J. Prior: 91; Chr. Wauer: 66, 72, 88
Parteienlogos S. 50/51 (Abdruck mit freundlicher Genehmigung): Bündnis 90/Die Grünen, Bonn;
CDU, Bonn; CSU, München; F.D.P., Bonn; SPD, Bonn
Zeichnungen: Jovica Savin, Frankfurt am Main (außer S. 28: FALKEN Archiv/atelier hinz)

Satz: Raasch & Partner GmbH, Neu-Isenburg
Druck: Ludwig Auer GmbH, Donauwörth

817 2635 4453 6271